5G+

九大垂直领域的5G智慧赋能

张进财 编著

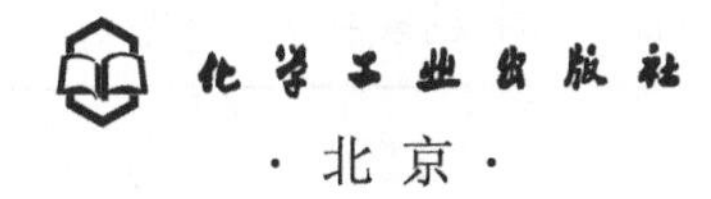
化学工业出版社
·北京·

内容提要

作为“新基建”的核心引领技术，5G正在与各个领域深度融合，已成为人工智能、物联网、工业互联网等产业的基础和关键技术支撑。

本书首先介绍了5G的三大应用场景、六大超强优势、十大核心技术，接着结合云计算、人工智能、智能制造、智慧交通、智慧医疗、未来教育、能源革命、智能文娱、智慧城市九大垂直领域，通过大量的实际案例，详细介绍了5G技术在各个领域的落地方法，描述了5G为各行各业带来的深刻变革，让读者更加清晰直观地感受5G的魅力。

5G时代已经到来。对于想全面了解5G技术的读者，以及想要抓住5G时代机遇的各行业从业人员来说，本书都能为之提供一些参考。

图书在版编目（CIP）数据

5G+：九大垂直领域的5G智慧赋能/张进财编著．—北京：化学工业出版社，2020.11（2021.11重印）

ISBN 978-7-122-37500-1

Ⅰ.①5… Ⅱ.①张… Ⅲ.①无线电通信-移动通信-通信技术 Ⅳ.①TN929.5

中国版本图书馆CIP数据核字（2020）第145830号

责任编辑：耍利娜　　文字编辑：吴开亮

责任校对：李雨晴　　装帧设计：王晓宇

出版发行：化学工业出版社（北京市东城区青年湖南街13号　邮政编码100011）

印　　装：北京建宏印刷有限公司

710mm×1000mm　1/16　印张15　字数241千字　2021年11月北京第1版第2次印刷

购书咨询：010-64518888　　售后服务：010-64518899

网　　址：http://www.cip.com.cn

凡购买本书，如有缺损质量问题，本社销售中心负责调换。

定　　价：58.00元

前言

如果提到交通出行，你是否会想起车辆拥挤难以前行、停车位供不应求的场景？如果提到医院，你的第一反应是不是各个窗口排起长队、想要成功挂一个专家号比登天还难的就医情况？如果你是一名老师，你还能否回忆起你的教学场景，黑板、粉笔、PPT课件，这是不是你所熟悉的“教学三件套”？事实上，如果你向人们询问这些问题，大多数人都会给予你一个肯定的答复，但在5G时代，一切都会发生改变。

先进的技术所改变的不仅仅是我们的生活，它就像隐形的点一样，悄悄埋藏在我们日常生活、工作所接触的每一个场景中。随着技术的不断革新，这些点会以循序渐进的方式连接成线，并且很少会使我们忽然感受到它的存在。但当这些线编织成网，慢慢覆盖了这个社会的方方面面的时候，很多人都会在某一天后知后觉地发出感叹：“原来5G能够应用的地方有这么多、作用有这么强大！”

2016年，上汽通用五菱公开宣布了智能驾驶项目的开启计划，转年打造出了第一辆无人驾驶汽车，而后持续对其进行一系列性能、功能上的改造。2019年，智能交通示范区正式建成，应用了

5G技术的远程驾驶模式顺利进入测试阶段，越来越多的新款无人驾驶汽车开始走进人们的视野。

2019年，医疗领域的革新范围越来越大，与传统医疗模式的分割界限也日益明显。哈尔滨某三甲医院首次应用了5G远程医疗技术，高清画面中呈现出的场景远在400多公里以外，但网络却丝毫没有出现延迟情况，画面的清晰程度使会议室内的专家完全可以对手术过程进行准确、及时的指导。而在医务人员查房时，其手中的纸质病历也被一体化智能设备所替代，医生可以通过简单的触碰交互来迅速调取病患资料。

再切换一个场景，我们可以看到一群带着AR眼镜的学生在教室内对着空气“指指点点”，在旁人眼中，这群孩子的举止可能有些难以理解，但对于孩子本身而言，他们正在体验非常真实的教学场景，或是在进行无实物模式的实验。在这种新型教学方式下，课堂的氛围也一改往日的严肃、沉闷，师生之间的互动变得格外融洽而自然。

可以说，2019年对于5G来说是意义非凡的一年，许多原本处于蛰伏状态的智能产品纷纷出现在新闻播报或人们的现实生活中。5G以一种强势的姿态“霸气”到来，而属于它的时代也正在逐渐加快前行的脚步，国内三大运营商为了抢占市场而各自做出了不少努力，各大垂直行业显示出的商业价值也驱使着不少企业对主营业务进行升级或调整。

5G的影响力是巨大的，但同时，机会与挑战也始终共存，谁能赶在5G的风口顺利起飞，谁又能在5G时代成功提升自己的市场地位，成为行业巨头，让我们拭目以待！

编著者

目录

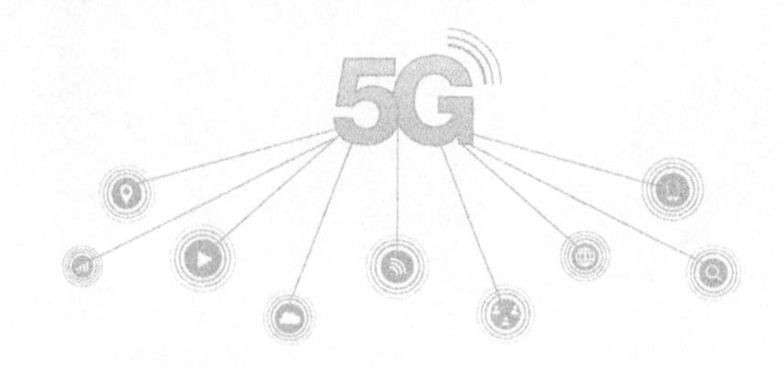

第1章

001 **赋能优势：5G凭什么给各大垂直行业赋能**

1.1 十大技术：5G迥异于传统网络的十大关键技术 / 002

1.2 六大特点：5G的六大超强优势 / 006

1.3 三大场景：国际标准化组织定义的5G三大应用场景 / 009

1.4 基础设施：1.2万亿政府投资已为创业者搭建好商业基础 / 013

1.5 时间节点：提前发放5G商用牌照背后的含义 / 016

【案例】任正非眼中的5G未来 / 019

第2章

023 **云计算：大规模物联网业务背后的支持核心**

2.1 产业趋势：5G加速通信与云计算融合实现爆发式发展 / 024

2.2 混合云：对企业公有云与私有云进行混合的三大发展逻辑 / 028

2.3 垂直云：行业垂直云发展现状与5G赋能点 / 031

2.4 安全云：5G如何让企业云服务器更加高效、安全 / 035

2.5 边缘计算：边缘计算核心优势与物联网变革路径 / 038

【案例】三大运营商加紧抢占5G云计算市场的思考与布局 / 041

第3章
047 人工智能：5G+AI共同推动产业变革
3.1 5G提升：5G如何有效破解当前AI产业三大瓶颈 / 048
3.2 绝佳搭配：5G网络重构与AI发展三要素 / 051
3.3 创新机会：所有传统低信息化模式均将被颠覆 / 055
3.4 机器学习：5G时代有无数AlphaGo帮我们解决实际问题 / 058
3.5 率先爆发：虚拟助理、智能家居将率先展现5G+AI红利 / 062
【案例】美团每日2000万单外卖管理背后的人工智能 / 065

第4章
071 智能制造：从自动化生产到智慧化生产
4.1 产线升级：物联网、云化机器人实现产线智能升级 / 072
4.2 物流追踪：5G与企业仓储物流结合可碰撞出的火花 / 075
4.3 工业AR：工业AR将造福生产端运营的五大优势 / 079
4.4 柔性生产：满足个性定制需求又降低40%成本的5G柔性生产 / 082
4.5 智慧工厂：从生产到管理的5G智慧工厂全景展望 / 086
【案例】昊志机电引入5G后如何节省700万成本同时增收3亿 / 090

第5章
095 智慧交通：从自动驾驶到智能出行

5.1 自动驾驶：自动驾驶当前难题与5G环境下的破局之道 / 096
5.2 车联网：被视为下一代移动智能设备的互联网汽车 / 098
5.3 智慧交通：从停车到目的地服务的全线5G智慧化 / 101
5.4 告别拥堵：人、车、路融为一体的5G智能出行场景 / 104
5.5 面临挑战：5G智慧交通当前亟待解决的三大发展挑战 / 108
【案例】上汽、中国移动、华为如何联手建设首个5G智慧交通示范区 / 111

第6章
117 智慧医疗：更智能更高效的医疗救助方案

6.1 火速抢救：毫秒级全线急救响应方案的实现 / 118
6.2 远程医疗：挣脱空间与资源限制的远程会诊与治疗 / 121
6.3 智能诊断：更高效更稳定的AI辅助医疗诊断 / 125
6.4 实时监测：显著提升医生查房、疾病防治效率 / 128
6.5 智慧医院：5G医院的各类软硬件及服务模式升级 / 132
【案例】洛阳市中心医院如何利用5G提升服务质量 / 135

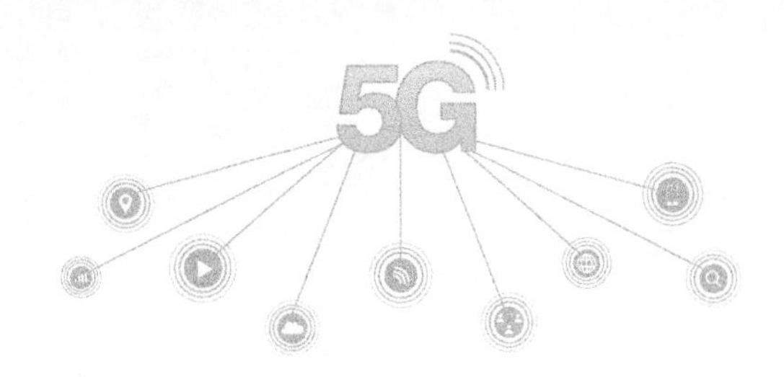

第7章

139 **未来教育：5G时代实现真正的因材施教**

7.1 资源均衡：实景化远程开放课程实现教育资源均衡化 /140

7.2 传授方式：AR虚拟课堂等手段实现课堂教学质量飞速提升 /143

7.3 个性教育：基于科学分析的单独知识图谱与因材施教 /146

7.4 客观评价：不再以考试成绩为单一标准的完整学生画像评价 /150

7.5 智慧校园：5G可为校园精细化运营管理带来的新变量 /153

【案例】AR化展现课本知识的谷歌Expedition教育平台 /156

第8章

161 **能源革命：5G与能源深度融合带来的新局面**

8.1 能源开采：更安全的能源开采与传输 /162

8.2 再生能源：5G解决新能源发电两大核心问题的基本路径 /165

8.3 电网通信：直达家庭层级的分布式用电监测、分析与管理 /169

8.4 智能电网：电网智能自动化配电与精准负荷控制 /172

8.5 边缘计算：通过部署边缘计算实现油、气远程监测 /176

【案例】河北分布式光伏电站在5G支持下的联网协作 /179

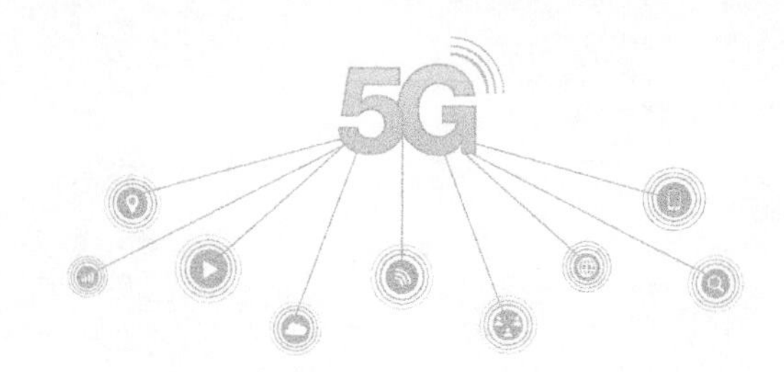

第9章

183 智能文娱：VR全面爆发后的全新文娱产业想象

9.1 硬件释放：5G云计算让游戏不再依赖硬件 / 184

9.2 VR娱乐：造成当前VR视频效果差的主要原因与5G拯救之道 / 187

9.3 全景直播：高质量开展VR全景直播三步走 / 191

9.4 VR游戏：5G助力普通玩家轻松享受实时3D游戏快感 / 194

【案例】如何拍摄出一部好看的VR电影 / 197

【案例】Unity 3D平台如何助力研发出更好的VR游戏 / 201

第10章

207 智慧城市：科幻片中的超级城市终将成为现实

10.1 重新定义：怎样才是真正意义上的智慧城市图景 / 208

10.2 城市协作：5G在推动城市人口日常流动与经济协作间的作用 / 211

10.3 公共安全：更能及时识别危险并做出响应措施的5G智能安防 / 215

10.4 应急指挥：5G+大数据在提升城市应急指挥能力方向的作用 / 219

10.5 环境治理：5G实现细致化环境监测及治理的可行方法 / 222

【案例】海康威视对5G时代AI+安防、警务、交通的思考 / 226

第1章

赋能优势：5G凭什么给各大垂直行业赋能

5G与4G相比究竟有哪些技术上的革新？又会对当前的市场环境造成怎样的改变？无论你对5G抱有怎样的态度，都不得不承认一点：5G时代，各大行业都会受到不同程度的影响。

1.1 十大技术：5G迥异于传统网络的十大关键技术

任何新兴事物的诞生都不是毫无依据的，在信息化时代技术发展速度越来越快的前提下，人们的需求也从模糊状态逐渐变得清晰。而当需求达到一定程度时，新老技术之间的交替似乎也就成了一种必然情况。俗话说“长江后浪推前浪”，当前势头正猛的“后浪”就是承载了人们较多期待的5G。与传统网络相比，5G究竟凭借哪些创新技术使传统网络的市场地位被动摇？本节将详细为大家介绍5G的关键技术，如图1-1所示。

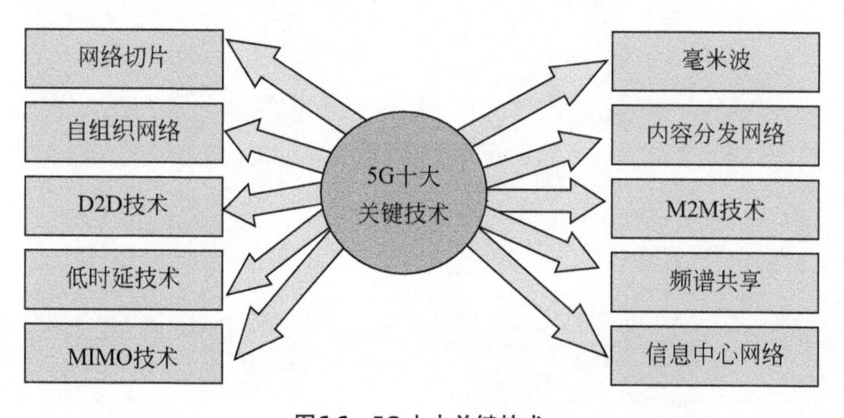

图1-1 5G十大关键技术

（1）网络切片

从网络切片这个概念上，我们就可以对其产生初步的认知，即对网络进行分割，并将其拆分为不同类型的虚拟网络。为什么要分割统一的网络呢？因为5G技术并不是为某一类人单独服务的，它要面向的是社会大众，而人数越多越容易出现需求各异、众口难调的情况，网络切片的应用正是为了尽可能满足不同人群的需求。

网络切片当前主要由三大部分构成，分别是承载网、无线网以及核心网三种切片，在拆分时专业人员会分别从软件、硬件两类系统下手，但不会对硬件进行拆分，其主要承担的是总引领工作。5G的每一个应用场景都能顺利实现，离不开网络切片在其中做出的贡献。

（2）自组织网络

5G系统在为人们提供更多便利、改善其生活质量的同时，也对自身所处的运载环境产生了更高的要求。能够辅助5G高效运作的网络配置会更复杂、更智能，只有这样才能适应5G网络性能的需要，而将移动通信技术与计算机网络相结合的自组织网络就成了5G必不可少的关键技术之一。自组织网络能够使5G的自动化程度得到显著提升，如自优化、自配置等，这些功能可以为5G用户提供更加稳定的网络，并且能够有效降低能源的消耗。

（3）D2D技术

D2D技术的研发主要是为了使无线频谱的效率得到改善，如果应用得当，可以较大程度地缓解5G基站工作压力，还能使原本处于资源紧张状态的频谱利用率得到显著提升。D2D技术其实也是由于社会需求比较强烈才被研发出来，原本一块“蛋糕”就那么大，但社会上几乎每个人都想吃一口，如果不进行技术创新，本就有限的资源很快就会出现稀缺、匮乏的不利情况。因此，D2D技术在实施时会将目光投向多个小型基站，从而分散基站的信息负荷量。不过就当前状况看，这种应用方法会造成大量资金损耗，后续还会从各个方面继续对其进行改良。

（4）低时延技术

时延这个概念简单来说就是信息从网络这一头进入到那一头输出所耗费的时间，时延越低就越能使人们的生活、工作变得更加快捷，而低时延技术就是为此而诞生的。传统网络，如当前仍处于主流应用状态的4G，时延一般在10ms左右，而5G技术在预期设定中会将时延大幅度缩短至1ms左右，这无疑是一个十分惊人的数字，尤其是在那些人员比较密集的区域，如办公楼、商业区等，能够实现更有优势的数据传送效果。不过，与D2D技术相似，缺点在于技术应用的成本比较高，且还要考虑覆盖领域、应用场景等问题，在短期内还是很难得到广泛推广的。

（5）MIMO技术

MIMO技术的性质是天线分集，即对传统的天线系统进行改变，通过在网络端口增加天线的方式来组成多个通信信道，这样一来就可以很明显地拓宽信道空间，使通信质量得到极大的改善。MIMO的技术优势主要建立在多根天线的基础上，与传统的单天线系统相比，又进行了多角度的功能调整与更高效的信号处理，可以减少数据之间的相互干扰，应用于社区场景中可以得到效果较好的反馈。

（6）毫米波

毫米波的波长需要保持在1～10mm。如今，频谱资源愈发紧张，毫米波的出现使这一难题得到了缓解。将毫米波放置到短距离通信场景中无疑是非常适合的，因为毫米波的优势在于其波束并不宽广，能够改善网络的交叉干扰问题，并且毫米波的干扰源比较少，这意味着人们能够拥有高质量的通信体验感。

毫米波技术不仅能用于地面通信，还能用在卫星通信系统中。不过，毫米波在面对降雨天气时容易显示出较明显的缺陷，天气情况越是恶劣，毫米波信号所受到的波动影响就会越大。

（7）内容分发网络

内容分发网络同样是新型技术的体现，其最核心的作用就是能够缓解网络的拥挤状态，从而能够更快地实现网页跳转，简单来说还是围绕着网络响应速度这一点进行的调整。与传统网络系统相比，内容分发网络显得更加智能、更加灵活，不仅使用户请求能够得到更快的响应处理，还能使网络服务质量变得更高。

这种技术应用于各大网站中，给网站运营者带来的好处是显而易见的：原本推开一扇门可能需要耗费人们较长时间，有时甚至会出现推不开的情况，而这就很容易导致访问者耐心耗尽直接离开。但应用了内容分发网络后，访问者就能轻松推开这扇门，而门里的内容也能有机会展示给更多的人，这就使得网站流量以及转化率得到较大提升。

（8）M2M技术

M2M的含义是Machine To Machine，翻译过来是机器和机器之间的交互。该技术主要对通信模块应用，可以集中管理多台机器，但前提是要将其植入各类机器终端中。M2M技术不仅在通信领域中应用空间十分广阔，如果能够进入持续开发状态，该技术未来所具备的价值潜力将不可预测。

举个例子，我们在日常生活中常常接触到的车载系统其实就是M2M技术在发挥作用，车主或其他乘客能够通过无线模块的植入及时接收到各类信息提示，如地理信息、行驶时间以及相关设备预警等。

（9）频谱共享

频谱共享技术的标志就是集中化、统一化，主要还是为了解决频谱资源紧缺的问题。在介绍上述几种技术的时候，我们也多次提到了这个问题，这也从某种程度上说明了移动通信在人们生活中的重要意义。频谱共享需要对网络架构进行调整，继续沿用传统架构模式显然无法使棘手问题得到解决，技术人员需要突出共享这一关键功能。

（10）信息中心网络

信息中心网络是一种整合式概念，人们可以更快、更安全地在互联网中搜寻到自己需要的信息，其优势主要显示在安全性能方面。信息中心网络符合时代发展的节奏，与IP通信相比更注重访问者的体验感，会将访问者的体验感摆在第一位，使其在网络中从被动转化为主动。信息中心网络当前还处于构思调整阶段，能否取代传统的网络服务机制尚不得而知，但不能否认的是，信息中心网络的可开发潜力还有很多。

5G之所以能够成为一个被人们频繁提起的概念，就是因为其强大的功能会给人们的生活带来颠覆性的改变，而这些离不开5G关键技术的支撑。可以说，“技术改变未来”这句话在5G上得到了显著的体现。

1.2 六大特点：5G的六大超强优势

许多人对5G的概念仍然比较模糊。大家知道5G是一种新型技术，也知道5G与4G相比功能更加多样化，但如果在街头随机采访路人，询问他们对5G优势的具体理解，大概有很大比例的人会感到茫然。如果想要走在时代发展最前沿，掌握更多关于5G的信息，就一定要了解5G的强大优势。

无论是游戏爱好者、普通工作者还是正在读书的学生，多数人对于5G优势的第一反应就是网速变得更快。这种理解没有问题，但5G可不仅仅只有网速快这一项优势。下面，我们就来看一看5G具体有哪些能够超越传统网络技术的优势，如图1-2所示。

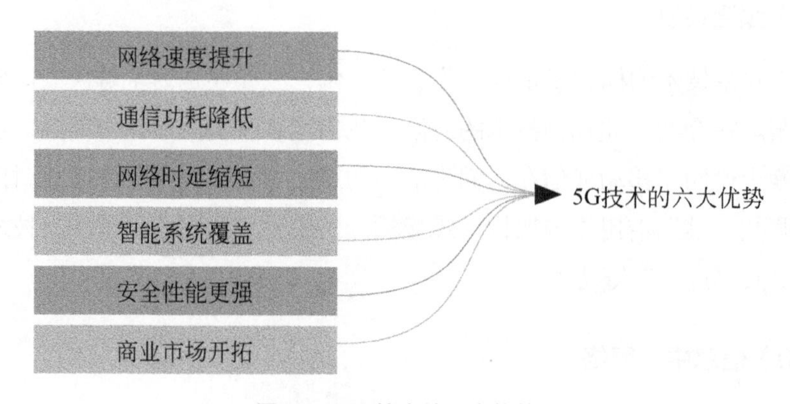

图1-2　5G技术的六大优势

（1）网络速度提升

既然大部分人提到5G优势，第一时间想起的都是网速，我们就先从这方面开始进行讲解。其实，人们的脑海中之所以会率先调动出与网速有关的信息，就是因为对普通人来说，网速是他们最容易理解、也是接触最频繁的概念。比起那些专业性比较强的复杂定义，人们更愿意在交谈时将网速的改变当成话题。

在人们的日常生活场景中，传输文件、下载游戏、在互联网搜索资料……

这些行为的完成时间往往都由网速来决定。每个人都希望自己的上网速度得到提升，因为在互联网技术广泛与日常场景相结合的时代，网速会直接影响到人们做事的质量与效率。

从当前已知的理论看，4G的下载速度大概在1.5～10Mb/s，而5G则直接提升到了2.5Gb/s左右。要知道1Gb=1024Mb，根据这个换算公式，我们可以推断出5G的下载速度比4G高出了几百倍。事实上，从2G到3G、从3G到4G，在传输速度上都有相当显著的提升（表1-1），而每一次大规模的更新迭代相似点也在于此，差异则是每一代的速度涨幅并不处于同一水平上。

表1-1　不同版本通信技术的下载速度

通信技术	下载速度
2G	15～20Kb/s
3G	120～600Kb/s
4G	1.5～10Mb/s
5G	2.5Gb/s

（2）通信功耗降低

首先，能耗与功耗的意义是不同的，前者包含的范围更大，即能源、电力方面的损耗，而后者所指的是设备功率方面的损耗，不要将二者混淆。在能耗方面，5G还无法将其控制在理想范围内，因此并不能将其当作优势来看，但在功耗上做出的改善却能显示出5G的优势。

举个最简单的例子，在手机正式投入市场之前，相关团队一定会对其进行功耗测试，因为功耗会影响到产品价值。尽管当前闪充手机在市面上比较受欢迎，但毕竟没有人可以保证自己随时随地都能拥有充电的条件，因此，如何使手机功耗降低、延长手机的使用时间，就成了各大厂商与用户都非常关心的问题。

5G可以通过对LTE（长期演进）系统技术的优化来解决或改善这个问题，也就是说，5G能够使智能设备的电池单次充电使用时间变得更加长久，且并不局限于手机、手环等产品。在理想的5G功耗场景中，如果互联网产品可以实现以周、月等时间单位作为间隔周期来充电，用户在使用产品时一定会感到更加方便，且能够支持用户实现更多在传统技术时代无法完成的操作。

（3）网络时延缩短

网络时延和网速的有利调整都能改善人们的生活质量，不过二者发挥的作用是不一样的。我们在1.1节中简单介绍了与网络时延有关的概念，在普通人看来，几秒钟是一个小到可以忽略不计的单位，更不要说再缩小到毫秒。然而，在互联网的世界中，毫秒的重要性毋庸置疑。有时候，可能只是差了那么几毫秒甚至只是1毫秒的时间，就有可能引发非常重大的连锁反应。

比如说无人驾驶系统，对于5G低时延的考验是非常严格的，无人驾驶汽车脱离了人的实际操纵，会更依赖于信息之间的交互效率。汽车要对行驶过程中的路线、障碍等做出反应，就必须及时接收控制中心的信息，这其实就像我们小时候玩的遥控汽车一样，汽车只有接收到信号才能根据指令前行、换向，如果时延过长，会导致汽车没办法及时反应过来，之后产生的一系列后果都是不可预测的。

（4）智能系统覆盖

4G已经为人们的生活提供了很多便利条件，而5G在此基础上能够为人们呈现出一个更加多姿多彩的世界。4G的范围总是会有局限，有些地方，比如电梯内、地铁站、地下车库等会覆盖不到或通信质量不高，而5G技术尽管不能说百分百覆盖每一个区域，却一定会比4G更加广阔，甚至能够延伸到一些大众暂时无法想象的地方。

另外，5G的智能系统覆盖除了指广义上的范围以外，还包括对某些设备、领域的智能化应用。在网络通信技术还没那么发达的时候，不要说无人机、无人汽车，即便是远距离的视频通话，在当时的人们眼中可能也是遥不可及、很难实现的。

所以说，技术总是不断更新进步的，5G当前仍然处于深入研究状态，有许多人们意想不到的应用还在持续开发中，如果哪一天有人说要利用5G技术实现一些听起来很不可思议的操作，也不要感到惊讶，要相信它有实现的可能。

（5）安全性能更强

由于5G技术会面向更广阔、更多样化的场景，因此也要接触许多在传统时代没有什么存在感的新鲜事物，这样一来，在享受高新技术带来的便利的同时，人们也会或多或少对信息安全感到担忧。就像管理几个人和管理一个团队的差别一样，人越少越便于管理，而人越多则越容易出岔子。5G技术的研发人员也早早就考虑到了这个问题。

那么，5G是怎样应对安全风险的呢？首先，5G拥有身份验证流程，可以对用户的身份进行加密处理，目的就是防止用户信息被泄露出去。其次，5G的网络切片技术可以更加灵活地使每个切片场景都做到安全隔离，进一步保障了用户的网络安全。除此之外，为了应对互联网安全风险，5G技术研发人员还在努力进行更专业、更深入的研究工作。

（6）商业市场开拓

互联网时代本就具备较大的商业价值，更不要说技术革新带来的新发展。在4G刚刚开始被应用的时候，商业市场就已经出现了一次内部“大换血”，而更具竞争力的5G技术能够引发哪些新潮流、新商机，我们在当前并不能明确预测。不过，有一点是十分明确的，即5G的应用推广一定会对当前的市场格局造成冲击，无论是从普通用户的角度还是商家的角度来看，5G的优势都是比较明显的。

1.3 三大场景：国际标准化组织定义的5G三大应用场景

3GPP即第三代合作伙伴计划，组织成员包括中国、日本、美国等国家，其主要的工作重心放在了移动通信领域。2019年，该组织对5G制定了新的标准，其中包括了对5G应用场景的定义。下面，我们就来详细了解一下5G的三大应用场景是什么，每一种场景都涵盖了什么内容，如图1-3所示。

图1-3　5G的三大应用场景

（1）eMBB（增强移动宽带）

5G技术的第一个应用场景，可以直接从字面意思上来理解，即对移动宽带进行调整，进一步改善用户的使用体验。华为在eMBB应用场景中有着较为突出的贡献，具体体现在3GPP于2016年组织的大型会议中，华为凭借内部的Polor Code（极化码）方案成功获得了多方认可，该编码用于通信领域可以发挥巨大作用，能够有效控制5G信道。eMBB具体可以应用到以下几个领域中，我们可以按照室内室外的场景来进行划分。

① 室内增强移动宽带　室内定位是一种比较高级的定位技术，需要综合多种定位方式，华为也宣传过相关的室内移动宽带方案。比方说室内的安全防护、监测系统，当前也有一部分用户会借助这种系统来减少因外出而产生的麻烦。

② 远程交互　远程交互即通过视频形式来打破地域上的限制。我国在当前已经实现了8K的高质量视频传输，即利用5G技术使画面质量变得更加清晰，为观看者提供更好的视觉体验的同时也保证了视频传输的速度。

③ 数字标牌系统　数字标牌这个概念尽管会另许多人感到陌生，但它确实已经走进了我们的生活，在各个常见的生活场景中都会有数字标牌的存在，比方说医院、酒店、营业厅等。数字标牌通常会以大屏幕的形式来吸引人们的注意力，无论是进行广告推广还是用来传递信息，都能发挥较好的作用。

（2）URLLC（低时延高可靠）

URLLC场景能够突出显示出5G的优势特征，不过，这里提到的高可靠性并不是我们平时生活中常常会用到的形容词，而是指相关设备的运行、使用时间是否能够与预计时间相符合。如果这样说会显得有些复杂，我们可以举一个例子来使其简单化。

比方说电脑设备的某个零部件显示一年不会出现故障，但该部件却在半年内出现了两次故障，这就会导致业务中断。像电脑设备这种需要多个部件协同运作的互联网产品，厂商必须尽可能提高产品部件的可靠性。不过，这一步工作并不简单，也因此市面上的设备价格往往会被其可靠性所影响，即便可靠性差距可能只有1%，也会使价格产生较大的差距。另外要强调一点，产品可靠性没有统一的标准，不同类型、不同功用的产品往往会有不同的可靠性要求。

至于URLLC的另一大特征低时延，大家应该已经对这个概念有了比较深刻的了解，不过在此场景中要将低时延与高可靠结合起来进行探讨。大多数产品都以追求低时延、高可靠为目标，不过不排除有些类型的产品会有特殊的组合要求，如远程系统在可靠性方面的要求就不是很高，但如果放到某些自动化业务场景中，高可靠性就成了非常关键的要求指标。URLLC也有其特定的应用领域，我们先来看几个特点比较明显的，如图1-4所示。

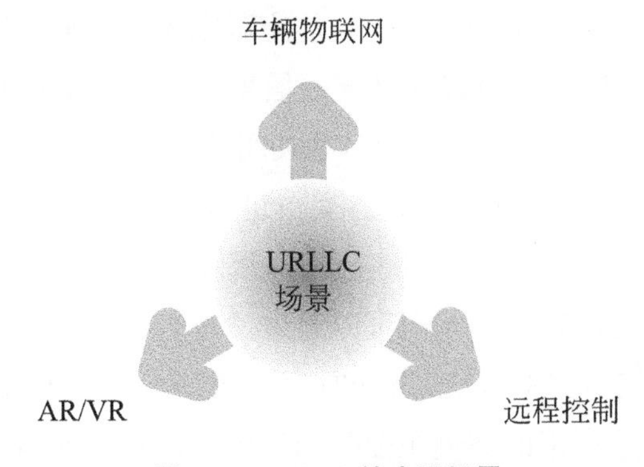

图1-4　URLLC的应用场景

① 车辆物联网　我们可以将其简称为车联网，即运用5G技术为车辆提供各方面的支持，加强与车辆的信息共享、传递，而在这个场景中，低时延、高可靠就成了绝对不能变动的标准。

比方说我们常常可以从各种渠道接收到路面情况，如果行驶路线前方出现了事故或堵塞情况，车辆就可以避开这条路线，以免浪费时间，且能够避免一定的风险。再比如说车辆内部的信息传导，驾驶员可以及时、准确地了解自己当前所处的情况并做出最佳反应，如超速警告等，5G技术可以使驾驶员的安全保障在当前基础上得到有效增强。

② AR/VR　华为推出的VR眼镜就利用了5G技术，不仅在眼镜外观、佩戴舒适度上有着突出优势，而且在核心功能及视觉效果上也体现出了与高新技术之间的融合。

③ 远程控制　远程控制对时延的要求很高，无论是工业还是医疗领域都容不得半点差错，因此如果URLLC应用到远程控制领域，其应用难度会相对提升。

（3）mMTC（海量机器通信）

mMTC又称大规模物联网，即利用各种信息技术来与设备进行连接，并可以通过对其进行信息采集来实现预警、监测效果。尽管mMTC可以为人们的生活提供便利，但大多数设备应用都要耗费较多资金，且由于技术尚不成熟，许多体系标准都还没有建立，有些风险性比较大的漏洞也尚未被人们发觉。不过，mMTC的应用场景还是很广泛的，有几种是我们当前能够在日常生活中接触到的，具体内容如下。

① 智能空调　与传统空调相比，智能空调在应用时显得比较灵敏，更贴近人们的生活。智能空调体系可以精准接收信息，比方说根据感应到的人体位置与气温条件来判断风力，在无人时会自动关闭等。

② 公交定位　利用信息技术对公交车进行定位，改变了许多人的生活状态。在定位系统尚未应用时，人们往往不能清晰了解到公交车的进站时间与相关路况，而公交定位开启后，人们可以通过“车来了”App精准获取车辆的位置。另外，当前比较受驾驶员欢迎的ETC系统也是车辆定位的体现。

③ 环境监测　这里指的环境主要是与气候方面有关的内容，比方说近年来对人们威胁性比较强的碳排放增加引起的全球变暖等。mMTC可以通过信息技术实现全方位监测，目的是最大程度降低异常气候对人们造成的危害。

事实上，mMTC的应用范围十分广泛，远不止上述提到的几个方面，像智能牙刷、医疗服务等在当前都应用了大规模物联网技术。综合来看，5G技术的三大场景作用与优势都十分强大。毫不夸张地说，如果5G技术成熟起来，完全可以使我们的生活发生颠覆性的改变。

1.4 基础设施：1.2万亿政府投资已为创业者搭建好商业基础

技术革新带来的不仅仅是现有生活方式、质量的改变，还会使市场格局发生巨大变化，引发新一波商业潮流。从我国当前对5G颁布的各项政策来看，政府对于5G的扶持力度还是很大的，但机会始终是攥在自己手中的。如果创业者没有看清当前的商业局势，犹豫着不敢踏出这一步，那么即便政府已经为其搭建了基础框架，对创业者来说依然没什么意义。

商机是什么？其基本定义是指能够通过各种活动、渠道来获利的机会，这个机会在4G时代始终存在，而在5G时代只会有更多的机会。创业本就是一件具有挑战性、不确定性的事情，创业者要明白，考察局势的谨慎与因为担心失败而选择原地不动的踌躇是两个概念。最先找到商机、打开市场的人会多一些取胜的概率，如果在其他创业者已经跑了一段距离以后才准备出发，那么能够分到手中的蛋糕就会变得很小。因此，如果想要在5G时代做出一番成就，就一定要频繁关注与5G有关的资讯消息。

据工信部专业人员预测，我国政府预计会对5G事业投资1.2万亿元左右，如果你无法准确衡量这一数据的多少，可以与4G进行横向对比。政府五年内对于4G的投资大约在7000亿元，而5G的投资规模与其相比明显又扩大了许多，且根据工信部的消息，政府对于5G的投资年限可能会长达八年左右。那么，这些投资都用到了哪些方面呢？

对5G时代来说，非常关键的推动力就是各个城市基站的搭建，基站是人们使用5G网络的必备要素，主要作用就是完成信号之间的传输、交互。而5G一直宣传的高覆盖率、高传输速度都离不开基站的打造，且与4G时代相比，基站的数量会大幅增多。至于建设5G基站的费用，我们可以借助一个换算关系来对其进行更形象的理解。

目前一部智能5G手机的价格通常在5500～6000元，而搭建一个5G基站所需投入的资金差不多可以购买100部5G手机。基站是投资的主要对象，各个创业者也应该能够从数据中感受到5G时代蓬勃的生命力。4G引发了智能手机、各类移动App的潮流，网上购物、远程医疗诊断、外卖业务兴起……这些都是我们作为消费者在当前生活中可以体验到的。而作为创业者，则必须让自己从被动转变为主动，要主动挖掘5G时代具体都包括哪些商机，再从中选择适合自己的创业机会，具体内容如图1-5所示。

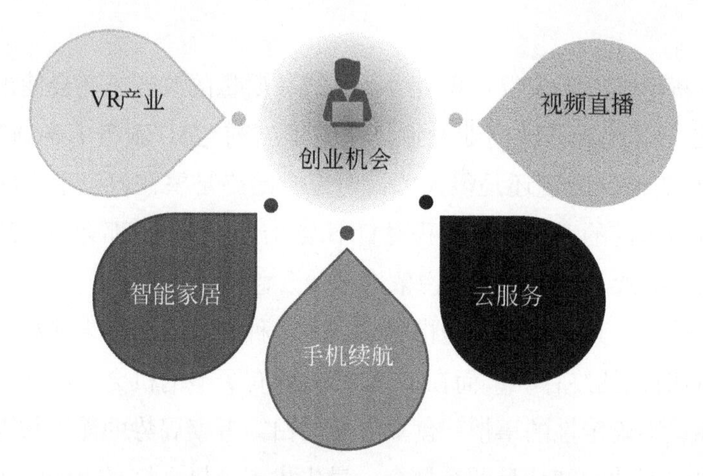

图1-5　创业者在5G时代的创业机会

（1）VR产业

VR产业是5G时代比较明显的商业标志。像我们在前文中提到的华为利用5G技术打造的VR眼镜，尽管由于其价格略显昂贵，但不得不承认的是，这款新型眼镜在质量与功能方面有了很大提升。过去的大部分VR眼镜戴久了很容易使人产生不同程度的不适感，且在交互体验上也不太尽如人意，而华为研发的VR眼镜则尽可能克服了这些困难，致力于为用户呈现高质量的视听效果。

如果说VR眼镜对于普通创业者来说显得比较遥远，也可以着眼于VR产业中的其他领域，像VR游戏就是比较受年轻人欢迎的类型。另外，我们在商场中也可以看到各类VR体验馆，这些在5G时代只会变得更加流行，会随着时间的推进而逐渐变成人们日常生活的一部分。

（2）智能家居

对大部分创业者来说，智能家居在5G时代的背景下是一个非常具备价值潜力的创业领域，其优势在于创业者可以根据自己的情况、条件进行多样化选择，且每一种在经营得当的前提下都有可能使创业者从中获利。

比方说当前卖得比较火爆的扫地机器人，在5G时代会对其功能、性能进行更专业的调整，如根据信息传输来自行规划清理路线，使其功耗进一步下降等。不过，尽管智能家居的选择范围比较大，也要提前对市场环境等方面进行考察，且其制造成本一般不会太低。

（3）手机续航

低功耗、高续航能力也是5G时代的特征。像华为在2019年11月上线的Mate系列5G手机，在商品详情页就着重标明了手机强大的续航能力，其关键还是在于对大电池的应用。即便我们还没有与5G社会正式接触，但当前的大多数人都已经开始将手机续航、功耗等问题当作了选购商品的标准，无论是对手机还是对大电池而言，它们在不久之后都将被注入新的研发价值。

（4）云服务

云服务并不是什么新鲜的概念，但在5G时代，云服务的地位必然会得到进一步提升。云服务的作用就像一个安全仓库，用户可以将各类货物储存到里面，也可以在仓库中对货物进行相应处理——这些都是当前的云服务能够做到的。

而如果我们将5G技术与云服务相融合，你不仅会发现自己的仓库变得更加整洁、有序，并且在整理货物时，你会觉得与以前相比效率提高了很多，这就是5G在其中所发挥的作用。一些专业知识、能力都比较强的创业者也可以考虑一下云服务市场，毕竟云服务在未来的发展潜力还是很大的。

（5）视频直播

视频直播产业在当前其实已经比较繁荣了，但5G却可以令其变得更具吸引力。高清画质、低时延传输，这些都是5G能够应用到视频直播领域的基本功能。至于VR直播、远距离视频放送等都需要耗费较多资金，创业者可以看情况进行选择。5G技术本身就带有创新属性，而事实上，在视频直播领域能够开发出的新玩法远不止这些。

上述提到的各项创业内容都具备比较强烈的5G特征，除此之外还会涉及其他创业领域。如果创业者不想争夺主流市场，而是想另辟蹊径去开拓其他冷门市场，就一定要做好前期的筹备工作。

毕竟，谁都知道如果冷门业务真的能够得到合理开发，就很容易会爆发出巨大的市场价值，但在未开发完全之前，谁都不知道这个项目的开发难度、相关标准、执行流程等具体都是怎样的。最重要的是，其发展前景是很难预测的，这也意味着创业者要承担巨大的创业风险。因此，一定要做好相关的调研工作，还要关注国家各类政策的发布，这些都能为创业之路增加一些安全保障。

无论如何，5G时代的到来已经成为板上钉钉的事，只是时间问题。而与5G有关的商业机会，显性也好隐性也罢，只有踏出那一步才有机会看到更广阔的前景。一个优秀的创业者，会同时着眼于当前与未来，既不落后于大部队，也不会不经思考就率先出发。国家已经为广大创业者提供了基础的创业条件，创业者也一定要注意跟随时代发展的节奏，不要被传统思维模式所限制。

1.5 时间节点：提前发放5G商用牌照背后的含义

2019年6月，5G商用牌照开始由工信部正式发放。这句话在表述上显得非常简单，而大众在阅读新闻时头脑中所浮现出的场景也不过是一个牌照的发放仪式，但实际上，这句话或者说这一行为背后的意义是非常复杂的。商用牌照的发放到底有哪些意义？又改变了什么？这一时间节点的设置又带有哪些目的？我们将会在本节内容中进行详细解答。

首先，大多数人应该都对商用牌照有所了解，即某产品、某技术在具备法律效力的同时也被赋予了一定的商用权利。但是，商用牌照与我们比较熟悉的经营许可证、营业执照等证件是不同的，商用牌照的申请难度更大、专业性也更强。5G商用牌照的发放意味着5G技术已经得到了国家的许可，能够被应用到商业领域中，同时也宣告着5G时代的到来。

其次，在这里我们需要探讨两个问题：第一，5G商用牌照原本计划的发放时间是2019年年底，如今却改变了原有的计划，提前了半年，这背后的原因是什么？第二，商用牌照其实可以分为两种类型，即正式与非正式，后者可以简单理解为还不能全面推进、还处于测试阶段。按照常理来说，先试点再推广才是正常的流程，而工信部却跳过了中间那一步，直接进入了正式商用阶段，这又是为什么？

站在社会大众的角度，我们可以从简单层面来进行可能性的推导：假设你想要做一款游戏，而游戏一般都会至少经历两次测试才能推出面向所有玩家的正式版本。但如果由于某种原因，比如游戏架构比较简单，游戏画面、功能、剧情等设定相对成熟，游戏团队的专业化能力较强等，让你在认真评估后认为游戏没有多次测试的必要，那么你当然可以跳过测试阶段使其提前上线。

而如果将这个设定代入5G商用牌照的提前发放场景中，我们是不是也可以认为其提前的原因是5G技术已经达到了相应标准，具有了直接商用的资格？当然，如果站在国家的角度，其背后的原因一定不会只有这么简单，但不管怎样，如果5G技术还没有发展到能够直接商用的状态，工信部也不会做出这个决定。另外，商用时间提前与整体的国际局势也有一定关系，毕竟当前世界各国都在加快5G技术的商用速度，我们也不能放慢脚步。

我们再来看一看发放商业牌照的对象，除人们熟知的三大主流运营商，即中国电信、中国移动、中国联通以外，本次还新加入了一名“猛将”——中国广电（图1-6）。5G时代的到来打破了传统的竞争结构，且每个运营商拥有的资源都是不同的，中国广电始终都在紧抓的是700MHz黄金频段。该频段在5G商业领域中的意义就像看演唱会、音乐会时距离舞台最近、角度最好的观众位置一样，下面来具体看一下黄金频段的优势之处。

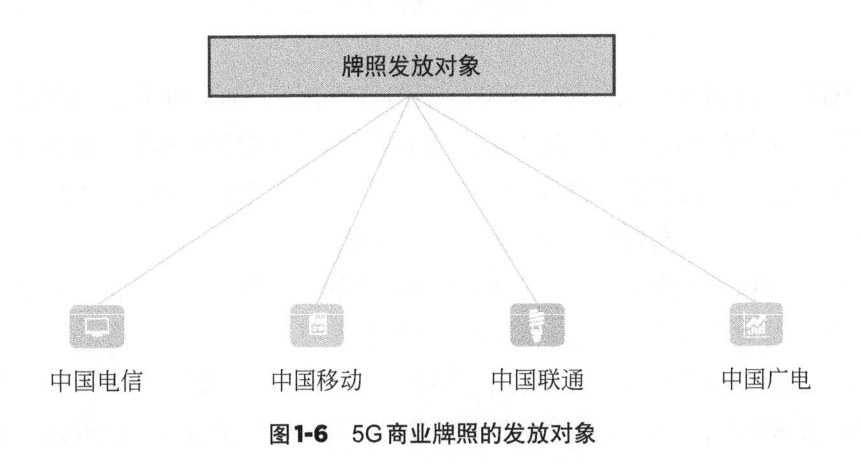

图1-6　5G商业牌照的发放对象

700MHz频段即便没有应用到5G业务中，其特征也与广电比较符合。由于该频段的频谱比较低，因此在远距离传播方面的作用是很强大的，能够实现高覆盖、少消耗的效果。另外，700MHz频段用于无线组网时相对来说成本也不算太高，种种优点综合起来便被冠以了黄金频段的称号。广电在取得正式的5G商用牌照后，还发布过相关的新闻资讯，向公众传递的内容大致是预计在2025年能够利用5G技术取得实质性成果，并且在近期已经和华为签订了与5G有关的合作协议。

其实，尽管工信部没有向国内这几大运营商发放试商用牌照，但如果一直在关注这几家公司的5G计划推进时间点的话，可以发现它们在5G这条路上的每一步都是有逻辑、有规划的。就传统的运营三巨头来说，它们的步调节奏非常一致，基本都是在2017年开始正式筹备与5G有关的事项，如提出初级的5G方案、考察工作所需场地等。

而在2018年，中国移动在推进速度上开始显露出了优势，因为其已经拥有了5G技术试商用的资格，而中国联通、中国电信则还处于不断扩大规模的测试阶段。时间再继续向后推，到了2019年这一意义比较重大的时间节点时，三大运营商对5G的部署工作都已经初具形态，而商用牌照也就在这一年的年中正式发放。

在梳理这一时间过程时，也许只需要短短几句话，但如果我们是工作团队中的一员，或许就能切实感受到其中的种种困难。不过，既然已经取得了商用牌照，运营商就应该趁热打铁，加快5G产业的发展速度。众所周知，自5G商用提上日程之后，国内的各大手机厂商也开始了抓紧研发5G手机的工作，除大家比较熟悉的华为以外，其他品牌也没有放松对5G产品的研发工作。

5G技术在2019年尤其是下半年的动作幅度很大，而2020年，同样也是意义不凡、万众期待的一年。几大运营商目前都已经在相应城市开始了试点工作，在2020年得到了更好的发展。但是，许多人常常挂在嘴边的“2020年实现5G技术广覆盖、高普及”这一点并没有完成。

首先，5G技术的推广不代表4G就要立刻下线、被市场抛弃，这是非常不现实的。4G对大多数人来说都是比较熟悉的技术，即便是新老版本的交替也不可能立刻将4G从日常生活中剔除。其次，5G基站的建设不是什么小型工作，其工作量非常大，所需投入的资金也很多，并且在建设位置的选取问题上也有许多要求（图1-7），并不是说随随便便找一片空地就能施工。在诸多因素的干扰下，5G想要迅速实现大面积普及可以说非常困难。

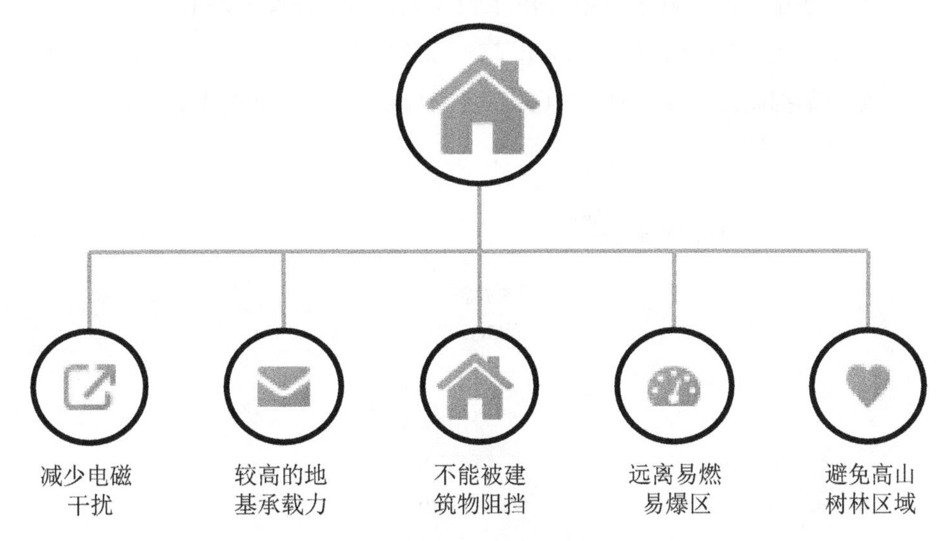

图1-7　建设5G基站的基本要求

总之，5G的普及不可能一蹴而就。我们从国家提前发放5G商用牌照这一举动可以看出，国家对于5G技术研发、推行的重视程度非常高，国内的三大运营商也在努力贡献自己的一份力量。就当前的5G建设情况，我们可以预测的是5G会更快地融入人们的生活中，与5G密切相关的东西，如5G手机、5G基站也会越来越多。在5G技术稳步提升的前提下，市场环境与人们的生活都会出现显著变化。

【案例】

任正非眼中的5G未来

提到任正非这个名字，大家的第一反应就是他一手创办起来的华为公司，任正非与华为这个品牌已经形成了一种紧密相连的关系，而华为也是国内应用5G技术的公司中比较成熟的一家。作为华为公司的创始人，任正非能够将其发展到今天的行业巨头位置，代表他有着足够优秀的思考能力，至少在5G这件事上，任正非的思维模式还是非常独特的。

就国内目前的5G应用形势而言，华为就像一个领跑者，无论是理论还是技术实践层次都做出了较大的成果。不单是任正非，华为的技术员工都为5G产品贡献出了自己的力量，我们先来看一看华为截至目前都研发出了哪些与5G有关的产品或服务，如图1-8所示。

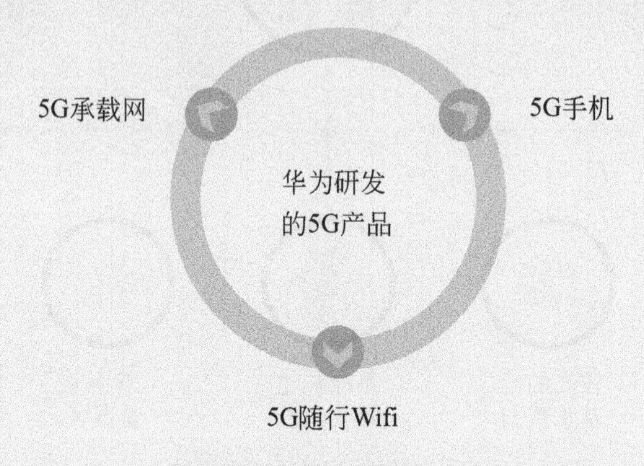

图1-8　华为研发的5G产品

（1）5G承载网

华为在2019年6月召开了有关5G承载网的商用发布会。什么是承载网？可以直白地说，如果没有强大承载网的支持，人们将无法顺利完成信息的接收、传递。承载网是移动通信网络中的重要组成部分，而5G承载网的性能则更加强大，最关键的技术定位还是要放在低时延上。打造5G承载网需要非常高的技术水平，而华为在该领域已经取得了不少成果。

（2）5G手机

如果说5G承载网的概念比较陌生，那么当我们提到华为的5G手机时，大多数人对其的认知度应该会有所提升。华为推出的Mate系列5G手机已经上线，而Nova系列的5G手机也在2019年12月初正式开售。从大的层面看，华为在5G手机市场中处于优先位置；而从小的层面看，华为在打造5G手机零部件的工作上有着突出优势，大多数零部件基本都是由华为自己研制的。

（3）5G随行Wifi

华为5G随行Wifi也是在2019年末上线，其核心优势在于覆盖范围广阔且十分便于携带，可以应用于各个生活场景中。另外，该设备的电源供应能力非常强大，能够充分满足人们的上网需求。

上述提到的几类华为5G产品，每一类都能体现出对5G技术的成熟应用。不过，在任正非的眼中，5G并没有那么“高端”。任正非不止一次在采访中提到，5G技术只是帮助人工智能更加高效实现的工具，而华为对5G技术的研究也只是一个必经阶段。换句话说，众人眼中的华为正在大力推行5G，但实际上，5G对于任正非来说只是一个推动力，其重点始终都定位在人工智能技术上。

任正非在采访中曾说过这样一句话：“别把5G想象成海浪。”如果结合其整体语境，任正非这句话的意思主要是想表达5G对当前的社会来说并没有那么重要，也就是说，大多数普通人对5G的需求都不是很高。如果多看几篇任正非谈5G的新闻采访，你会产生一种任正非并不看好5G的感觉，但事实上真的是这样吗？如果任正非真的认为5G的发展前景不好，又为什么会让华为成为国内5G技术、产品的引领者呢？

其实，任正非并没有看低5G的发展，他的观点可以主要概括为两个方面：第一，就当前而言，不要将5G看得太重，5G只是一种技术、一种工具，并不是万能的，媒体对于5G的宣传有些夸大；第二，人们对于5G的需求感并不强烈，在应该慢慢行走的时候就不要总想着跑起来，当生活需求还没有形成时，不要那么着急。如果前一步的根本问题还没有得到解决，或者说还不具备彻底革新的条件，那么5G即便应用起来也没什么实际意义。

任正非对于5G的看法是比较独特的，因为不仅是普通公众，即便是国内其他比较有名的大中型公司，提到5G时也一直会强调加快其发展速度这一点。而任正非却恰恰相反，他认为5G的缓慢发展状态才是正常的。就好像即便在几年前提到网上点餐这个概念，当时的网络条件并不支持这个行业的发展一样，你的应用标准没有达到，人们自然也不会超前产生需求，而将这个理念应用到5G场景中，也就比较容易被理解了。

华为对于5G的规划还是比较合理的。任正非很关注5G在能耗方面的优化工作，他想要通过降低5G能耗的方式来提高自身竞争力，毕竟这对大多数公司来说都是一个非常棘手的问题，因为其会关系到芯片、基站等高级层面。降低能耗无疑是一件困难的事，但如果能够将这块硬骨头啃掉，华为在市场中的地位无疑会更加稳固，而其5G产品也会被赋予崭新的意义。

从任正非的表述中，我们可以感受到在他眼中的5G技术还并不成熟，或者说还远远没有到成熟阶段。5G对华为来说一定是重要的，不过如果按照任正非的思路来走，华为未来的发展方向并不会以5G为主导，而是会将人工智能放在核心位置上。

事实上，5G与人工智能的结合是非常合理的，5G技术可以有效促进人工智能的升级，而人工智能在某种程度上也能使5G的价值得到增强。任正非对人工智能的未来市场始终持肯定态度，他认为人工智能才是未来的主流，能够有效提升人们的生活质量，而5G的重要性就体现在对人工智能的支持作用上。

但不管怎么说，当前的事实就是5G技术的确还没有得到全面普及，而任正非看好的人工智能则更加遥远。因此，华为也始终没有放松在5G市场中的竞争。任正非曾表示：华为在5G的竞争中必须取得最终的胜利。

就5G发展方面，不同的人有不同的看法很正常，没必要必须去下一个是非对错的定义。不过，任正非对于社会需求这一问题看得还是比较透彻的，任何工具、技术只有在满足人们需求的基础上才能发挥出效果，需求没有产生就意味着某些方面的条件其实并不成熟。

新技术即便上线，人们也要有一定的适应期。我们无法对华为的后续发展路线做出精准预测，但从其当前的发展情况来看，华为的5G技术在国内乃至世界都是非常具有优势的。

第2章

云计算：大规模物联网业务背后的支持核心

如果让你在规定时间内处理十道计算题，你或许会觉得还可以应付得来，但如果这个数字扩大到一百道、一千道呢？事实证明，智能计算方式的效率与准确度往往能够帮助人们解决大多数问题，更不要说与5G相结合的云计算，其呈现出的计算效果只会超乎人们的想象。而各种类型的“云模式”也为企业带来了不少增益，企业完全可以根据业务需求对其进行灵活配置。云计算市场的竞争也已经愈发激烈。

2.1 产业趋势：5G加速通信与云计算融合实现爆发式发展

云计算是一种新型计算方式，同时也是一种带有服务性质的互联网商品。当你想要通过网络搜索所需资料时，云计算其实就已经发挥了自己的作用，如果没有云计算的帮助，无论是寻找数据还是存储数据都会变得很烦琐。而这种技术如果能够与5G结合发展，将会为人们提供效率更高的服务。

我国最早开始对云计算展开探索的是阿里巴巴公司，到如今已经有了十年左右的发展历史。十年，这一数字对于不同产品来说有着不同的意义。像某些穿衣、饮食方面的时尚潮流，十年时间足以使其呈现出一番新面貌，更不要说那些寿命较短的“网红产品”，能够在人们的记忆里存在几个月的时间就已经算非常成功了。但对于互联网产品来说，十年或许只是一个养精蓄锐的准备期，之后才会迎来属于它的高速发展阶段。

该怎样形容云计算呢？我们可以将云计算想象成一个打车平台，在云计算没有出现之前，人们如果想要打车就只能去各处自行寻找车辆；但云计算出现后，人们通过统一的打车平台就能迅速叫来车辆，从被动地位变成了主动地位。云计算的强大功能毋庸置疑，那它又会以什么样的形态和5G技术融合到一起？二者协同发展，又会产生怎样的效果呢？我们可以先来研究一下云计算的特征，毕竟我们在与他人正式合作之前，只有先了解对方的优缺点才能制定出更合理的合作策略，如图2-1所示。

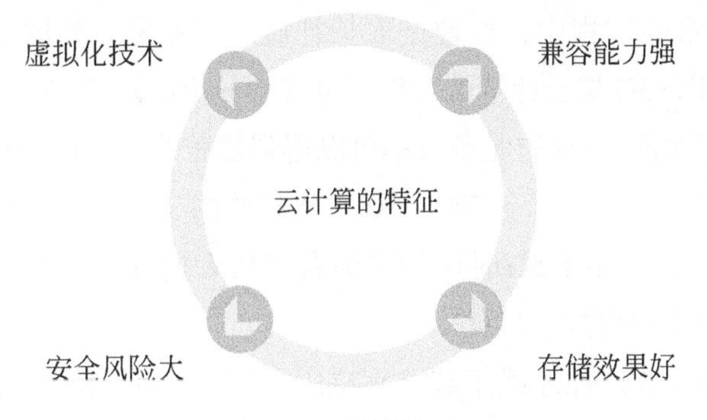

图2-1　云计算的特征

（1）虚拟化技术

云计算与虚拟化技术之间的关系就像做饭时需要加各种调味料一样，调味料能够使饭菜的味道更好，同理，虚拟化技术也可以提升云计算在处理资源、空间时的效率。虚拟化技术是云计算顺利发展的关键，在与5G结合的过程中也能发挥重要作用。

（2）兼容能力强

云计算强大的兼容能力也离不开虚拟化技术的帮助，兼容性是数据计算式网络的必备功能，用户可以借助该性能来使用不同配置的互联网产品。

（3）存储效果好

云计算在数据存储问题上有着十分明显的优势，利用云计算技术研发的存储云系统能够为用户提供最基础的存储功能，而延伸功能，如资料数据备份、后台管理等，对大中型公司来说适用性也很强。

（4）安全风险大

上述三点都是云计算的优势特征，而安全问题则是云计算的劣势。尽管自云计算正式上线以来技术人员始终致力于改善其安全问题，但用户在云计算的场景下进行某些互联网行为时，仍然会存在一定的安全风险，最常见的就是个人信息被盗取现象。

综上所述，云计算并不是一个百分百完美的技术，它也有着自身的缺点，因此在与5G融合的过程中，要遵循取长补短、相互协作的原则。就目前的形势来看，2021年，5G与云计算的合作已经成为一个必然趋势。

利用云计算功能，5G的业务效率可以得到显著改善，而云计算同样能够借助5G对当前的所处地位进行突破。5G主要宣传的、普通用户最关心的就是网速问题，试想一下，如果5G时代的网速有了较大提升，你在互联网中可以做的事情是不是会变得更加多样化？

比方说原本用3分钟才能下载一部电影，而在5G技术的支持下只用短短1分钟就能下载两部电影，在这种时候，你会不会需要更广阔的存储空间？用户自身可能没有意识到网速提升所带来的其他改变，但如果我们拥有了大量制造粮食的能力，却没有足够大、足够多的粮仓，这其实也是不合理的。当用户能够获取到更多数据时，他们的数据存储空间也要相应扩大，这样才能跟上用户新需求的产生速度。

另外，在利用云计算技术衍生出的各种系统软件中，有大部分都是供应于公司进行商用。而其与5G结合后，则有可能会变得更加具有“亲和力”，即也会将重心放在人们的日常生活中，我们可以列举几个比较常见的场景，如图2-2所示。

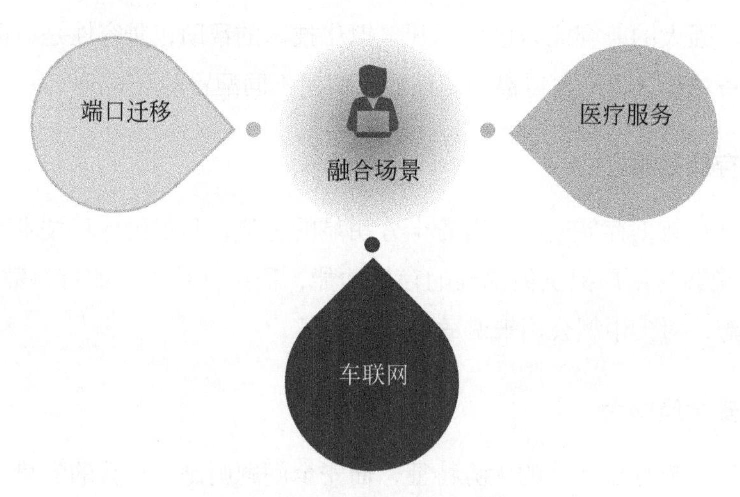

图2-2　云计算与5G的融合场景

（1）端口迁移

对那些喜欢玩游戏尤其是大型网络游戏的人来说，他们一定都有过相同的烦恼：只能在电脑端玩游戏，且一些台式电脑是无法随身携带的，这对玩家造成了一定的限制。而5G技术商用后搭配云计算，能够使玩家实现在手机上打游戏的操作。

像华为推出的“华为云电脑”，它并不是一个实体物品，而仅仅是一款软件，就可以帮助用户在移动端进行大部分原本只能在电脑上完成的事情。此外，该功能对于那些常常需要外出的工作者来说也非常有用，打破了电脑的某些限制，可以使他们在工作上拥有更方便的体验。

（2）车联网

当云计算技术应用到车辆上时，可以充分调动互联网中的资源来与车辆中的设备进行交互，而5G与云计算的融合则能够进一步推动车联网的发展。5G的低时延特征与云计算的资源调动能力结合在一起，可以使信息传输更加迅速、及时。

（3）医疗服务

5G与云计算的结合可以催生出不少新兴产业，也能够为现有产业提供更高质量的服务，比方说与人们的生活息息相关的医疗领域。5G技术在医疗方面的应用已经有了不少成功案例，“智慧医疗”创新概念的讨论度也在不断攀升，云计算能够在5G技术的支持下使医疗资源得到更加合理的分配，也能对庞大的就诊人群资料、报告等相关信息进行高效整理。

另外，还有一点是大家都在密切关注的问题：互联网行为的安全性。云计算在这方面的风险是一直存在的，而与5G融合后能够使数据处理的风险系数降低，为人们提供一个安全性更强的上网环境。

5G与云技术的融合尽管还没有实现大面积应用，且还没有到成熟的融合阶段，但无论如何，这二者的互补发展一定会使产业趋势发生改变。无论是新产业还是旧产业，都会受其影响，但这并不是什么不好的现象，毕竟产业也不是固定不变的，它就像系统一样要定时升级，才能紧跟时代发展的脚步。

当前，除已经显露出升级苗头的行业，如我们在文中提到的医疗、游戏，还有许多其他贴近我们生活的行业也正在悄悄发生改变。在2021年，行业市场要进行小规模的内部洗牌，而对各个商家来说，如果能够在这次洗牌过程中抓住机会，就很有可能占据到相当有利的市场位置。

2.2 混合云：对企业公有云与私有云进行混合的三大发展逻辑

混合云，顾名思义即公有云和私有云结合后的产物。混合云原本并不受推崇，公有、私有两类云计算模式才是企业的主要关注对象，但我们需要明确一点：每一个新鲜事物的产生都建立在人们有需求的前提下，当人们的需求发生改变时，他们会主动去寻找、创造能够满足新需求的东西。因此，混合云的存在与发展也是在情理之中的一件事。

在介绍混合云之前，我们先分别了解一下公有云和私有云。其实这两种云计算模式在概念上是比较容易理解的，从其字面含义中，我们可以形成基础认知：公有云是公用的、开放的，对用户的限制非常低，就像我们都能随意进出的社区公园、广场一样；而私有云则与公有云站在对立位置上，是单独为某个人或某个群体提供的服务，这意味着其他人在未经许可的情况下是不能进入这个私人领域的。私有云就像用户的身份认证牌子一样，在出席某些活动、会议时，只有拥有专属牌子的人才能进入场所，比起公共领域的随意性、自由性，私有云更注重数据管理的安全性。

根据公有云与私有云的特点，我们是不是能够推断出它们各自的应用场景？前者的适用范围较大，对访问者的限制接近于零，适用于某些小型公司或处于发展状态的团队；后者则通常是大中型公司为某个客户量身定制的服务，而某些涉及重要业务的公司一般也会采取私有云模式。在过去，这两种模式基本可以使用户需求得到满足，但随着业务变更或一些其他方面的因素，模式的局限性开始渐渐显现出来了。而这个时候，混合云就顺势诞生了。

混合云更接近于一种折中的方式，让用户既能拥有公有云的庞大资源，又能拥有私有云的安全保障。每个人在做事时都希望某些限制因素越少越好、自由度越大越好，这意味着人们想要拥有更广阔的选择空间，而混合云则为人们提供了这样一个机会。混合云在当前的热度比较高，那么它的发展方向又是什么样的呢？在云技术即将成为时代主流的背景下，我们可以来探讨一下混合云的未来发展逻辑，如图2-3所示。

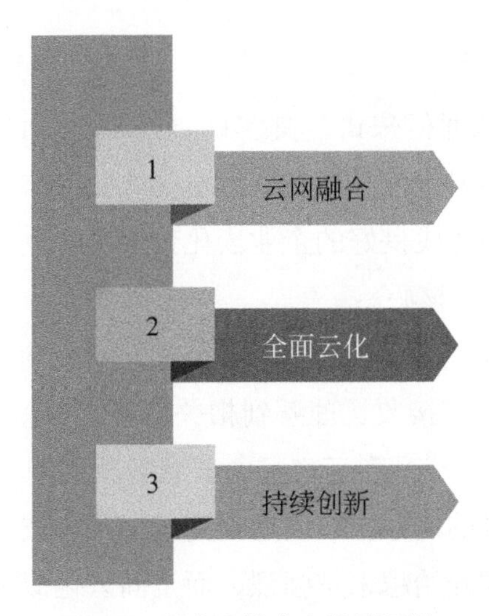

图2-3　混合云的未来发展逻辑

（1）云网融合

何谓云网融合？这是一个随着混合云的诞生、发展而不断成熟的概念，同样是为了实现人们日益多样化的需求、愿望而出现的。我们可以将云网融合拆分来看，从定义上分别拆解出“云”与“网”两个字，从而衍生出两种不同方向的发展路径。

“云”主要强调的是数据之间的传导、互通，当公司想要对现有业务类型进行改变或调整时，就可以利用云间互联服务来实现原有业务的升级转化。该服务的主要特点是传输快、延时低，且可以包容大部分不同设备的产品。当前有许多公司正是看到了云间互联服务产品的商业价值，因此在致力于打造品质更高、功能更齐全的产品。

说完了“云”，我们再说一说云网融合的另一大重要构成要素“网”，也就是指网络方面的部署与优化。我国于2012年成立的电信云公司所提供的产品就应用了“网”，在应用过程中最关键的地方当属对数据中心的合理规划，公司的运营理念是让云服务融入人们的生活之中，对产品的要求则是高可靠性、高品质。

云网融合能够产生多种场景，混合云就是其中一种场景的主角，而云网融合的两个方向则能够尽可能满足用户需求。就当前的云网融合发展情况来看，在5G技术开始逐渐推广后，云网融合必将成为未来的主流发展趋势。

（2）全面云化

全面云化这个概念通俗来讲，其实就是一种全面的数字化应用、转化现象，对企业来说，全面云化可以使其获得更高效的网络服务以及更广泛的网络覆盖范围。不过，想要达成良好的企业云化效果，就一定要在设备上下一些功夫，智能设备是基础也是核心。

之前我们说过，华为在5G、高新技术这方面的商业嗅觉是非常灵敏的，其往往会在许多人还没有接收、理解到相关信号之前就已经开始了研究工作，“华为云”平台所提供的一系列云产品、云服务就说明了一切。混合云的出现其实就是一个非常明显的信号，它向运营商、向各大技术型企业所传递的信息就是人们的多元化需求开始越来越强烈，而全面云化似乎也成了获取用户、推动企业发展的必经之路。

在不久的未来，我们将会频繁接触到数字化、智能化、云计算等互联网关键词，它们也将完美融入每一个生活场景中。值得一提的是，华为在云服务方面的工作做得非常到位，许多其他人没有想到的地方，华为都一一考虑到了，并将其合理应用到了实践中。

（3）持续创新

尽管混合云在当前已经俨然成了一种潮流，但越来越多的人在选择混合云模式的同时，也看到了其在管理问题上的一些难点。每一种新事物在初始阶段都是需要被不断研究的，不可能像其他年代比较久远的技术一样能够迅速知晓其某些固定的流程、标准，而这种不确定性往往会使人们的适应时间延长。

混合云作为公有云与私有云的结合体，可以说既有利也有弊。有利的地方自然在于能够成为企业办公的新型工具，但当前的缺陷在于多云管理模式同时也会增加企业的工作负荷，如何将复杂的环境梳理清晰、如何简化工作任务，成为企业需要思考的难题。此外，在对管理平台的选择与使用上，某些接入能力差、功能不齐全的产品不仅无法成为企业的智能助手，反倒会对企业造成安全威胁，因此一定要注意做好平台的筛选工作。

不管怎么说，混合云能够带给企业的优势在大多数情况下都是远远超过其缺陷的。况且，混合云与公有云、私有云相比还显得比较“稚嫩”，还有许多功能正在等待被挖掘，未来的发展方向或者说当前的研发目标可以用几个字来概括：持续创新、合理改进。混合云业务的商业潜力非常明显，值得企业将目光投放在它的身上。

2.3 垂直云：行业垂直云发展现状与5G赋能点

垂直化似乎已经成为一个热点，而云服务也没有在这方面落后，与其结合衍生出了“垂直云”的定义。垂直云行业市场的竞争随着5G的商用而越来越激烈，每个企业都想通过垂直领域来赚取较多的利润。就当前的形势而言，这场竞争的参与者众多，有人赢得了胜利，也有人选择了退出。

关于垂直云这一概念，我们可以构思一个日常场景来帮助理解：在一条商业街上，有许许多多的餐馆，而每一家餐馆的菜品质量都很好，只是在供餐模式上非常相似，菜单上呈现出的菜式非常全面，客人基本能看到各种菜品。一开始，无论是这条街上的商家还是客人都维持着正常的就餐环境，可能有某几家会因为办活动、上新菜而在当天吸引到较多客人，但大多数时候，这些餐馆的就餐人数并没有什么明显差距。

然而，一家新餐馆开业后，这种祥和稳定的环境发生了变化。这家餐馆的特点在于只做一种食物，尽管也会为客人提供一些小配菜，但与主营菜品相比几乎可以忽略不计。慢慢地，这家餐厅的经营逐渐步入正轨，它拥有了越来越多的忠实客人，有时还会出现排队情况——在此之前，其他餐厅从未出现过这种场景。这也令许多商家百思不得其解，为什么对方的餐品那么单调，却能吸引那么多的客人呢？这其实就是垂直化运营在发挥作用。

在过去，以提供云服务为主的各大企业在保证服务质量的前提下，还没有开启在垂直领域的思考，或者说，当时的情况也不需要他们产生这种思考。然而，当外部环境开始发生变化之后，这些人自然而然要对固有思维模式进行调整，行业垂直云也因此而变得受到重视。简单来说，企业需要通过市场细分或其他方法来选择一个特定领域，再对该领域投入较多精力去打造其功能、性能、质量等重要方面。

行业垂直云当前的发展势头非常猛，拿国内几大行业巨头来说，华为云、阿里云、腾讯云等每一家公司都有着绝对的竞争力（图2-4）。我们以阿里云为例，其公司内部的核心技术人员曾公开表示：阿里会将目光放在对垂直行业的探索上，阿里云与垂直化的融合是一个必然发展。而华为、腾讯在这方面的立场也十分坚定，明确表示了要让云服务面向垂直领域的想法，这三大公司的表态在某种程度上也可以说明行业垂直云在国内的发展情况还是比较好的。

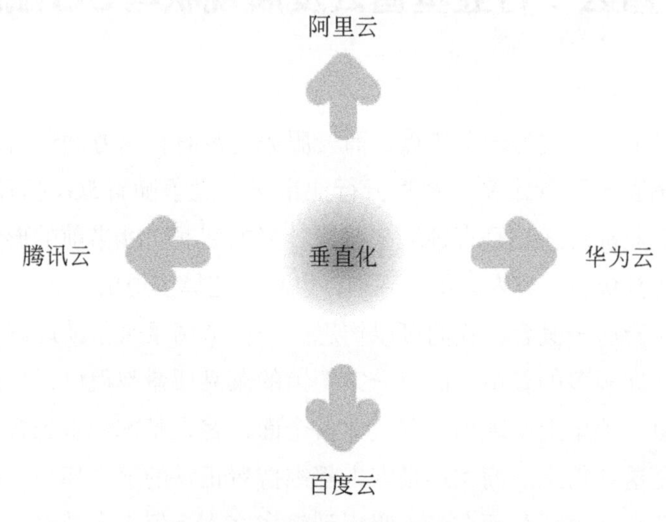

图2-4 我国的云服务垂直化公司

云计算尽管在相关垂直行业已经得到了有效利用，但覆盖率、应用力度还不算太大，距离成熟阶段还有一段不算短的距离。此外，即便企业找到了那个关键的切入点，也还是会面临一系列困难，并不是说找到目标就等同于完成目标，还要在行业领域中确实发挥出作用，使用户的问题能够得到充分解决，这样才能算作比较成功的垂直云。

在这一点上，几大行业巨头付出的努力可想而知，因为它们的目标并不是某一个单独行业，而是想要全面发展多种行业，且还要将每一个行业都做好、做精，否则垂直云将失去其本质意义。我们在前文中提到了云计算与5G的协同发展趋势，所以说二者也存在一种捆绑关系。在垂直云的应用场景中，5G同样要对各个行业进行赋能，且其涉及领域十分广泛，随着时间的推移、技术的进步，人们会逐渐发现自己的生活已经被数字化所覆盖。下面，我们就来看一看被5G赋能的、具有代表性的行业，如图2-5所示。

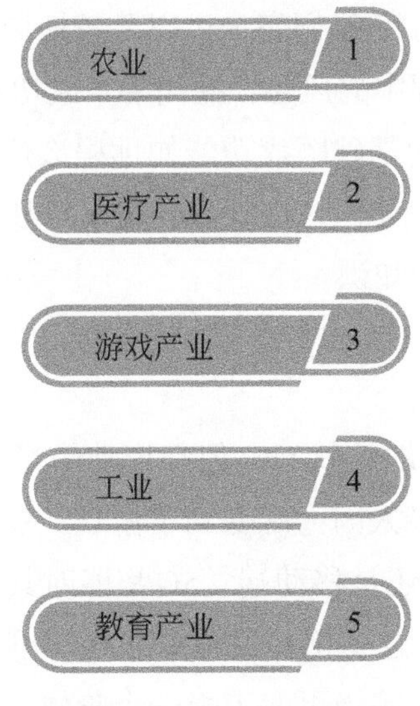

图2-5 被5G赋能的行业

（1）农业

如果将5G与高清电影、VR游戏等关键词联系起来，人们对其的理解度会比较高。但如果将5G赋能与农业拉到一个场景中，似乎会有一些格格不入的感觉。会产生这种理解的原因通常在两个方面：第一，5G终究还算不上深入走进人们的生活，人们对其认知不足也是正常情况；第二，其实则在于人们自身的刻板印象，认为5G这种高端技术只会应用在特定领域，而与农业挨不上边。

实际上，如果将5G技术应用到农业工作中，在应用合理的前提下，完全有可能使现有的农业系统实现高效升级。打个比方，一些传统的农业活动，如田地灌溉、家畜饲养、播种开采等，都会受到天气因素的影响。而在过去由于各项技术还比较落后，因此农民往往无法准确预测到天气情况。但有了5G以后，一切都会变得不同。5G可以与云计算结合为农民快速传递数据，进行天气预警，不过这项工作的确会面对许多困难，偏远地区的网络覆盖情况就是需要被放在首位解决的问题。

（2）医疗产业

5G技术在医疗领域的应用已经有了显著进展，像厦门在2019年11月就成功利用5G实现了手术过程的双向直播。视频画面清晰、时延低、下载速度快，这些优势特点使现场的医疗专家们完全可以跨越地域来进行手术指导，而这一操作无疑可以降低手术过程中的风险，提高手术成功的概率。

此外，一些已经普及的基础医疗功能如远程诊疗、智能导诊机器人等，都能改善人们的就诊效率，也能减少医疗人员的工作压力，使专家能够有更多的时间去钻研医疗方面的专业知识。

（3）游戏产业

即便5G还处于布局规划的状态，但在商业市场中，游戏产业已经俨然成了一块香饽饽，甚至有许多人因为感受到了游戏产业蕴藏的潜力而选择了转行发展。首先，无论是PC端还是移动端，5G都能对其造成最直接的改变，主要包括网速、延迟、画质等，这些都是最基本的5G功能。

其次，如果我们将专业等级再向上提一个阶梯，VR游戏就是一个新热点，特别是对年轻群体而言，VR游戏对他们来说极具感染力。不过，有些纯属“凑热闹”式的VR游戏和应用了5G技术的VR游戏并不在一个等级上。前者很难使人有身临其境之感，可能还会造成身体上的不适感，而后者则会为玩家呈现出真实的视觉效果。

游戏产业的可挖掘潜力非常大，与5G结合后可开发的创意玩法也有很多，且受众十分广泛，也难怪其会成为比较热门的研究产业。

（4）工业

相比农业来说，工业与5G的协同发展能够被人们接受的程度还是比较高的。工业发展经历了几次大的变革，而在5G时代又会在技术上寻找到新的突破口，比方说垂直云的个性化定制能力也能应用到产品的生产流程中。

除此之外，像我们在网络平台购买了相关商品后，可以清晰看到商品在运输过程中的路径情况，这就是大数据的智能应用，是物联网在背后发挥作用。在工业方面，不要局限在传统思维中，工业并不是只能与制造、工程等关键词相联系，还有许多延伸的可能性。

（5）教育产业

无论你是学生还是打工族，应该都听说过或亲身体验过“智慧教育”这一场景。举个最简单的例子，传统的课堂教育采用的是黑板、讲义等形式，而智慧课堂则更注重对虚拟化技术的利用。常见的课堂形式，如远程教学、远程互动，这些技术如今已经广泛应用到了教学资源不足的偏远山区中，让那些没有机会接受良好教育的孩子可以通过互联网来获取知识，而不必考虑地域上的限制因素，5G技术能够让双方的互动效果更好。

我们在上述内容中提到的只是在当前比较具有代表性的赋能行业，随着5G与云计算的发展，未来还会有更多行业被赋予特殊的意义，开发出更多智能化功能。

2.4 安全云：5G如何让企业云服务器更加高效、安全

信息化时代，在人们享受着先进的信息技术所带来的便利时，也会对信息安全、个人隐私等问题产生怀疑。事实上，这种怀疑并非没有依据，媒体也曾报道过几起重大的网络安全新闻，而就当前反映出的数据来看，“受害人”并不在少数。因此，如何能让用户放心上网、更好地优化网络环境，成了各大技术公司需要深入思考的关键点。

我们在前文中提到了混合云的缺陷，也就是本节将要探讨的云服务器安全性问题。作为普通人，我们谁也不希望只是简单上个网就被他人窃取信息；作为企业，经营者对于云服务器的安全顾虑通常会比普通人多上许多。无论是公有云、私有云还是混合云，云服务器的使用质量都会影响到重要客户或一个团队的信任感，对于某些处于初创期的企业来说，有时还会使其面临非常严重的危机。

2019年7月，美国的一个黑客在某大型金融公司闹出了一起非常严重的事件，被波及者甚至超过了一亿人。这样的数字无疑会令公司的信誉度大幅度降低，但人们更担心的还是云服务器的安全性——事件主角正是利用了公司云服务器的漏洞，成功窃取到公司大量客户的个人信息。试想一下，与金融挂钩的关键词有哪些？信用卡、资金情况、个人收入，哪一个被窃取都会令客户感到十分不安。

因此，随着网络信息量越大越庞大，人们需要借助网络来学习、办公的时间越来越多，云服务的优势与风险所呈现出的对立形态也逐渐趋于明显。即便没有5G，技术人员也在集中精力想要解决其风险问题，而5G时代的加速到来，则能够有效推动云服务器的安全优化进程。这里，我们需要提到一个对企业来说十分重要的工具——云安全。

云安全应用了云计算技术，其基本功能有很多，但归根结底汇总为一句话：保护用户的网络安全。我国最早利用了云安全的软件有很多，如瑞星、卡巴斯基、金山等，这些都属于年份比较久远的防病毒软件，而之后陆续上线的系统软件则在功能上有了更大的调整。当前，许多处于互联网行业中的公司都纷纷开始研究如何将5G技术更好地与云服务器相融合，每个公司都致力于将提高云服务器安全程度设为目标。那么，5G究竟是怎样解决这个棘手问题的呢？如图2-6所示。

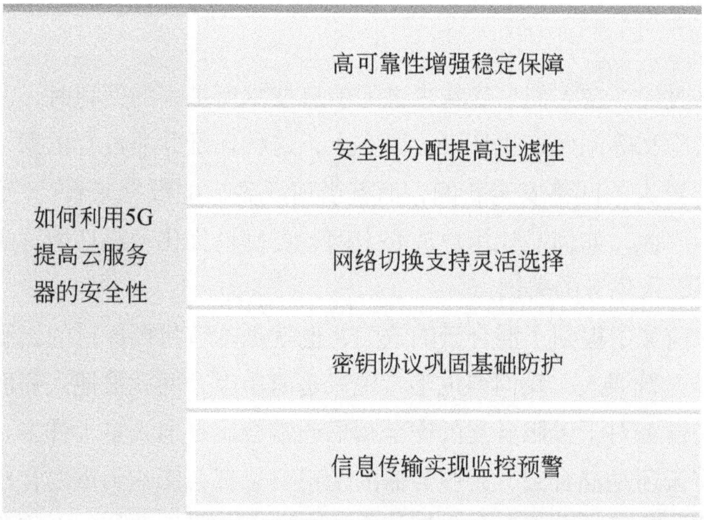

如何利用5G提高云服务器的安全性	高可靠性增强稳定保障
	安全组分配提高过滤性
	网络切换支持灵活选择
	密钥协议巩固基础防护
	信息传输实现监控预警

图2-6　如何利用5G提高云服务器的安全性

（1）高可靠性增强稳定保障

技术的可靠性是用户对互联网软件质量的衡量因素之一，当前使用率比较高的云服务器大都会在可靠性一栏中填入99%的可靠性，有些还可以更趋近于100%。这样的数据就可靠性而言是正常的，低于这一数值的云服务器一般都不会有较大的用户规模，比方说腾讯云推出的云服务器，其可靠性就基本可以达到最佳状态了。

腾讯云的技术人员为其搭建了安全的网络框架，并且还利用了5G主打的虚拟技术。一系列专业操作就像为云服务器打造了一层牢固的安全防护罩一样，因此其研发的云服务产品也受到了使用者的一致好评。

（2）安全组分配提高过滤性

安全组也同样应用了5G的虚拟技术，能够利用其打造出一个虚拟的防护环境，并且用户可以通过对安全组的调配与管理来自行把控访问权限，是一种对用户而言比较灵活、简单的安全保护方法。用户需要根据需求在云服务器中建立相应的安全组，如果想要添加或删除某个安全组，也可以通过后台管理来实现。简单来说，安全组就像一个过滤网，可以根据用户的设定与系统自带的程序来筛掉那些存在的隐性危险因素，增强访问限制可以有效观察、控制流量的行为动向。

（3）网络切换支持灵活选择

就像混合云的出现是因为人们同时需要公、私两种功能特点的云一样，灵活的网络切换也能在提高用户办公效率的基础上使其能够在管理云服务器网络状态时更加便捷。这里我们要注意一下网络切换场景中的其中一个构成要素，即私有网络。顾名思义，我们可以将私有网络理解为不向第三方开放的私人服务形式，用户也可以进行权限调整。不过，公用网络的数据资源会更多一些，这二者就像人人都可入住的大型酒店与用户自己的私宅一样，用户可以根据需要来进行网络环境的选择。

（4）密钥协议巩固基础防护

5G所具备的密钥生成功能非常重要，虽然原理不同，但其本质与我们登录某个社交账号时需要输入密码来确认身份的操作是相似的。而企业在使用云服务器时，可以同时启用公钥与私钥两种密码形式，这两大要素可以使企业的关键资料、文件等信息受到保护。

从概念中我们可以了解到，公钥属于那种不需要保密、可以向全体人员公开的透明数据，但私钥却不一样，私钥就是把守宝藏的最后一道重要关卡，如果人人都能轻易打开这扇门，那么宝藏被窃取也就是意料之中的事了。因此，运营者在使用云服务器的密钥功能时一定要注意保护好私钥的数据安全，否则即便树立起看似坚固的大门，实质上也犹如散沙一样一碰即碎，不要让本该是优势的功能转变为风险威胁。

（5）信息传输实现监控预警

5G的高速传输、低时延特点如果与云服务器的监控系统相结合，可以使企业或客户更加精准、及时地接收到相关信息，如果融合得当，可以发挥出良好的预警作用。对于一些特殊性质的企业来说，及时观测到数据的动态、接收预警信号是非常重要的。

当前，国内比较优质、用户好评度比较高的云服务器当属几大行业巨头，它们都在这场竞争中做出了较多努力，每个公司的技术人员都在尽可能地对产品功能进行优化。

总的来说，产品在前期依靠品牌力量、宣传推广等因素可能还会获得一部分用户关注，但终究产品竞争的核心还是是“质量”二字，放到云服务器上就是对安全问题的处理。5G在推动云服务器的发展上有着显著贡献，尽管其如今已经有了较高程度的安全保障，但产品的调整更新节奏并不会因此而放缓，毕竟云服务器的安全性总是越高越好的。

2.5 边缘计算：边缘计算核心优势与物联网变革路径

边缘计算这个概念出现的时间并不短，它不像5G那么新潮，也不像云计算那样在时代步伐的推动下愈发闪亮，但边缘计算仍然是一种非常重要的计算方式，且其在物联网领域中的价值潜力也已经有了逐渐浮现的苗头。本节会对边缘计算这一概念进行介绍，并着重阐述其优势所在，同时会将其与物联网结合起来对相关知识点进行深入讲解。

首先，我们需要明确边缘计算的具体含义，可以分为表层与深层两个部分来理解：从表层看，边缘计算即对靠近数据边缘的内容进行数据的计算、处理；而从深层来看，边缘计算在互联网中所扮演的角色就像被总部派往分公司的员工一样，看起来似乎没什么太大的存在感，但实则发挥了非常强大的作用。

而在这个场景中，云计算就相当于总部的角色，拥有较大的权力，但同时需要处理的事务也比分部要多，因此在大多数智能场景中，云计算与边缘计算都是同时出现的。云计算与边缘计算有一定的联系，但区别也很明显，我们先来看一看边缘计算有哪些独特的优势，再对二者进行简单比对，如图2-7所示。

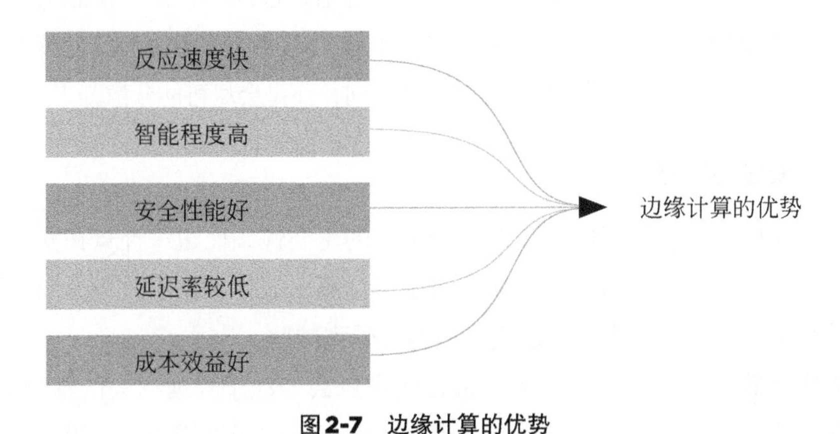

图2-7 边缘计算的优势

（1）反应速度快

就反应速度这一点，我们必须将云计算与边缘计算进行对照分析，以便更好地理解边缘计算在数据处理方面的优势。举个例子，如果人处于饥肠辘辘的状态，这时候吃饭就成了人的首要需求，云计算在这时会先将人的需求发往有着一定距离的餐馆，然后再询问餐馆是否有充足的食材、有多余的位置等；而边缘计算则显得比较雷厉风行，它在接收到人的需求信号后，会立即着手准备菜肴，让人在短时间之内能够吃上饭。

当然，在实际应用时，边缘计算不会像这个场景中那样百分百解决问题，它就像一个小管家一样尽可能保持最高效率的状态来处理那些边缘问题，至于那些集中的、难以搞定的问题，就交给云计算来处理了。

边缘计算的核心优势在于其可以直接对信息进行处理，而无须让信息经历接收—传递—再回传的路径过程。不过，这并不意味着两种模式有什么优劣之分，它们完全可以同时存在、相互协作，尤其是在规模较大的企业中，二者共存是一个必然趋势。

（2）智能程度高

边缘计算的智能性体现在其对数据的筛选能力上，像古代大臣们每天都要在朝会上向君主禀报近期发生的事情一样，他们只会传达比较重要的事，而不会将所有大事小情都在无筛选的情况下全部呈送。而边缘计算在其中起到的作用就是如此，它能够智能捕捉可以处于边缘位置的数据，并对其进行智能化的自动处理。这样的好处在于能够缓解云端的压力，否则，边缘的数据、信息会统统汇入云计算的范围内，会使其工作量剧增，工作效率明显下降。有了边缘计算的帮助，所有的“水流”就不会全都通往一个方向，而是会尽可能分散开来。

（3）安全性能好

我们在前文中提到了网络安全对于用户的重要性，而边缘计算在安全保障这方面的优势非常明显。边缘计算不同于云计算，云计算需要收集大量与用户有关的数据，用户的个人隐私也因此而容易受到威胁。

边缘计算并不会进行数据的传输，而是只会专注于处理相关的本地数据，这意味着边缘计算收集到的数据无须通过网络渠道向云端传送，而用户的信息泄露风险也会相应降低。数据的传播路径越是简单，其传播过程中的风险系数就越低，反之传播渠道越长、越多，数据被恶意攻击的可能性就越大。

另外，边缘计算的安全性还体现在其不容易受到大规模感染的特点上。由于边缘计算自身的架构特质，导致其可以比较灵活地应对危险因素，能够留给使用者一定的挽救余地，而不会迅速被全部攻克。边缘计算的安全性能够有效保障用户权益，这也是边缘计算隐约出现崛起苗头的原因，有较大规模的受众就意味着具备商业价值，而各大企业想要抓住这个机会也在情理之中。

（4）延迟率较低

边缘计算的快速反应其实也是其延迟率较低的表现，无论是工业、医疗还是游戏行业，没有一个使用者不希望延迟越低越好。拥有这样的特点意味着人们能够更明显地感受到网络性能的改善，而那些重要领域，如远程医疗手术、车辆自动化等，无一不需要信息的迅速传播。

尽管在5G技术的应用下，云计算也可以使自身的延迟率得到改善，但二者的传播原理并没有发生改变，边缘计算始终采取“就近原则”来处理数据。

可以这么说，如果没有边缘计算的存在，单靠云计算的方式滞后感会比较强烈，应用于关键业务中很容易因延迟而出现风险事故。

（5）成本效益好

成本问题对企业来说非常关键，谁都想要更加高效的数据处理效果，但如果需要为此付出较高的成本，对某些中小型企业来说就是很沉重的经济负担。边缘计算在筛选、处理庞大的数据方面已经为企业节约了不少成本，那种集中式的大规模数据传输需要耗费较多资金。

通过对上述五大优势的分析，你能否感受到云计算与边缘计算之间的区别？简单来说，云计算占据着总控的地位，而边缘计算则尽可能地帮助云计算分担其数据压力，二者可以构建出合理的互补关系。另外，边缘计算之所以在5G时代将迎来新发展，是因为其能够与5G的热门领域——物联网结合在一起，从理论上可以影响物联网的变革路径。

云计算在物联网中可以发挥重要作用，但随着研究人员的深入探索与实践，发现云计算在其中的局限性也开始逐渐显露。它无法以最佳状态完美应对海量的数据、设备，而边缘计算恰恰可以弥补这一缺陷。打个比方，如果说云计算可以监控医院的大部分病房情况，但由于规模过大很容易导致不能及时、全面地处理需求，这时候边缘计算的任务就是负责盯住那些范围较小的区域。

边缘计算的主要关注对象是那些实时数据，这对于物联网来说是一个助力因素。物联网需要尽可能降低时延率、提高在数据方面的处理效率，而边缘计算就能达到对应要求，能够加快推动物联网的变革进程。无论从哪个方面看，边缘计算在5G时代、在物联网领域的应用很强大，完全具备被放在核心位置并加大研究力度的资格。

【案例】

三大运营商加紧抢占5G云计算市场的思考与布局

自从国内三大运营商取得了商用牌照后，三家公司在市场中的竞争状态似乎一下子变得激烈起来。但实际上，在此之前，这三大行业巨头就已经开始了对市场的战略筹备，而5G的商用许可只不过是一个催化剂而已。不过，云计算市场并非如此容易就可以被谁占据优势位置，更何况这几个竞争对手之间的实力差距并不大。也正因如此，在这场意义非凡的市场竞争中，对市场的思考和规划就显得分外重要。

只有面对与自己实力水平相当的人，才能将其称之为竞争对手。在大型公司的竞争战略中，很少会出现绝对的硬碰硬情况，一般不会发生你去发展A路线，我就加大力度复制A路线去争夺市场的场景。因为这样会使对方很难得利，自己也同样落不到什么好处，无异于是一种两败俱伤式的打法。

另外，三大运营商尽管各怀心思想要通过“智取”来赢得比较好的竞争结果，但在5G还未开始进行大规模推行的过渡时间段，它们其实面临的是一个很尴尬、很艰难的局面。对5G的投资、利润上的缩水，以及未来发展的不确定性，是运营商们的共同挑战。

目前，中国移动、中国电信、中国联通这三大运营商尽管看上去在抢占市场方面的动作比较急迫，但实际上，它们所走的每一步都是有规划的。三家公司能够形成“三足鼎立”的局面，说明它们各自制定的运营策略方向都很正确，不会轻易就被某些因素所影响。下面，我们分别看一看三大运营商的现状与布局情况。

首先，我们从中国移动说起。2019年5月，中国移动曾以云计算为主题召开过一场大型会议，这场会议内容中有几个重点：第一，大力推进云网融合；第二，深入探索云边融合；第三，打造出更全面、更多样的SaaS平台；第四，要将注意力放在物联网、AI等5G时代的热点内容上（图2-8）。从这场会议的汇总内容来看，中国

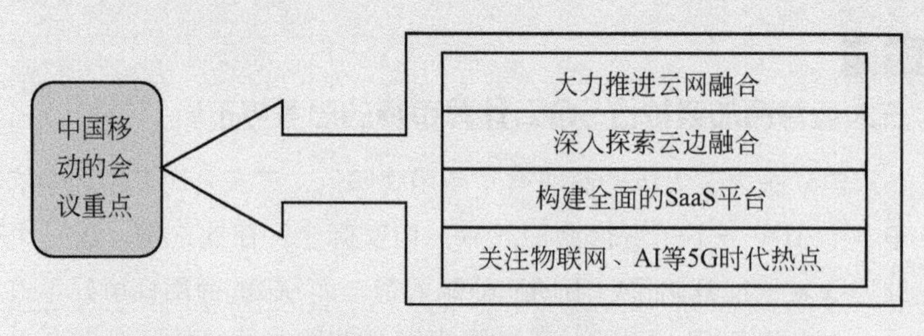

图2-8　中国移动的会议重点

移动对于云计算市场的计划还是比较完整而长远的，其更注重的是对混合云的高效利用。

中国移动宣称他们将启动新的计划模式，我们来梳理一下。在技术方面，中国移动可以说在此投入了不少资金与精力，比方说对云计算中的IaaS服务进行更加专业化的调整，即为用户提供相应的硬件产品，以此来帮助其实现对庞大资源的存储。不过，这非常考验产品的质量与操作灵活性，因此中国移动会紧抓产品性能，优化其使用场景。另外，在其他与云计算有关的衍生产品中，中国移动也在加快自己的研发速度，想尽可能加大对云计算市场的覆盖范围，抢占更多的市场份额。

一直以来，中国移动所坚持的都是走自主研发路线，而其公司口号“移动改变生活”也确实得到了验证。在云计算市场中，中国移动已经制作出了与云计算有关的多种方案，能够同时涉及私有云、公有云等领域，目前还在申请各种技术专利，意图打造出一体化的智能服务体系。总的来说，中国移动的实力还是很强大的。

接下来，我们再探讨一下中国联通的竞争策略。据报道显示，中国联通于2019年上半年通过云计算业务获取的利润累计已超过90亿，而2017年其在该领域获取的利润还不到60亿。这一增长幅度无疑是非常显著的，同时也说明中国联通当前在云计算市场中的发展现状还是很乐观的。一般情况下，运营商举办的大型会议最能展示其运营目标、运营内容，因此，我们同样要借助中国联通的演讲大会来剖析其对这场竞争的战略规划。

中国联通在云计算模式的选择上与中国移动有所差异，不同于后者的多类型兼顾发展策略，中国联通提出其会将重点放在混合云上，并且认为混合云将成为未来的主流发展趋势，更能贴近人们的实际生活。此外，演讲者还提出了三大重点内容，如图2-9所示。

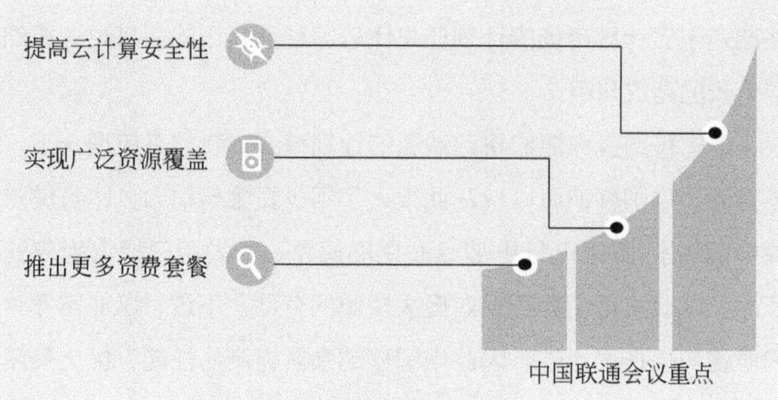

图2-9 中国联通的会议重点

（1）提高云计算安全性

中国联通非常明确云计算市场与用户之间的关联，竞争的实质其实还是比谁能更好地把控用户需求。在会议中，中国联通着重阐述了其对于产品安全性的处理，比方说中国联通着力打造以网通传输为主的A网，在该项目中投入的资金达三百万元。除此之外，中国联通还搭建了MPLS网络体系，目的是向客户提供更优质的私人专属服务。

（2）实现广泛资源覆盖

中国联通推行的云联网业务支持多样化的业务场景，能够有效实现数据之间的互通。当前，云联网已经涉及了国内的三百多个城市，且扩张计划还在继续进行。中国联通在网络覆盖率方面的工作效果非常好，有利于提高其在云计算市场中的竞争力。

（3）推出更多资费套餐

在业务资费方面，中国联通主打灵活、简洁、透明的套餐推行策略，这样能够为客户提供更大的挑选空间，并且在价格方面的优惠力度也很大，能够有效起到吸引客户注意力的作用。比起那些类型比较少且趋于固定化的资费套餐，中国联通更容易贴合客户的需求。

最后，我们再将目光转向“潜力股”——中国电信。为什么要用这个称呼呢？据中国电信官方公布的数据来看，其在2019年上半年于云计算业务中获得的收益达到了50亿，也许你会说，与中国联通的90亿相比，这个成绩并不算好。但是，在分析数据时我们不能单看其表面，还要注意收入涨幅这一重要因素——其同比增长超过了90%，这一数据是非常惊人也是极具发展潜力的。

为什么中国电信在云计算业务中的发展速度如此迅猛呢？这里就要说到中国电信旗下的公司天翼云。中国电信在打造天翼云的发展战略时，将重点放在了垂直云行业中，向医疗、工业等在5G时代商业价值较高的行业提供了更加细化的服务。

现在看来，天翼云所走的这一垂直化战略路线并没有问题，反之如果天翼云在当时没有果断选择这一战略，当前的发展情况就不好说了。不得不提的是，天翼云还将政府放在了云计算业务的核心位置，也因此得到了更显著的市场竞争优势。当前，中国电信手中掌握的资源是比较丰富的，在这种对其比较有利的竞争环境下，中国电信也没有错失机会、犹豫不决，而是加快了在云计算市场方面的部署工作。

综合这三大运营商的运营策略，我们看出其在战略内容上既有相似点也有差异点。无论如何，这种良性的竞争环境并不是坏事，反倒能够进一步推动我国在云计算方面的发展进程。不管这场竞争的最终取胜者是谁，对运营商、对云计算市场来说，都能起到积极的促进作用。

5G

第3章

人工智能：5G+AI共同推动产业变革

人工智能近年来逐渐从不温不火的状态转变成了一个热点，带动了许多新兴产业的发展，也在一步一步渗入人们的日常生活中。人工智能已经能够去替代人类做一些危险程度较高的工作，有了5G的助力，人工智能在解决问题方面的能力只会越来越强。人们曾经只能在科幻小说或梦中看到的场景，将会在人工智能技术的参与下变成现实，美团外卖就是合理利用了人工智能的力量，才牢牢保持住了自己在市场中的地位。

3.1 5G提升：5G如何有效破解当前AI产业三大瓶颈

人工智能这个概念自首次被提出开始，就广受人们的重视。站在普通用户的角度，他们能看到的层次大都在AI产业的优秀发展前景上；但站在专业人员的角度，尽管AI的未来的确值得期待，但就当前形势来看，AI其实还面临着许多尚未被攻克的困难点，而5G技术的出现则起到了突破产业瓶颈的作用。

近些年，关于AI的展示形式开始逐渐变得多样化，从早期美国拍摄的人工智能相关电影，到后来小品掺进AI内容，自动驾驶类的无人机、家居生活类的智能音箱等带有AI技术产品的出现，AI的推进看似十分顺利，但实际上其在发展上并不像表面看上去那样简单。AI产业代表的是高新技术，而技术的研究与应用就像爬山一样，在前期可能会觉得还比较轻松，但翻越顶峰就如同要在思维停滞期找到那个出口一样，这一过程是很艰难的。AI产业在当前究竟会遇到哪些瓶颈问题呢？我们下面就来简单分析一下，如图3-1所示。

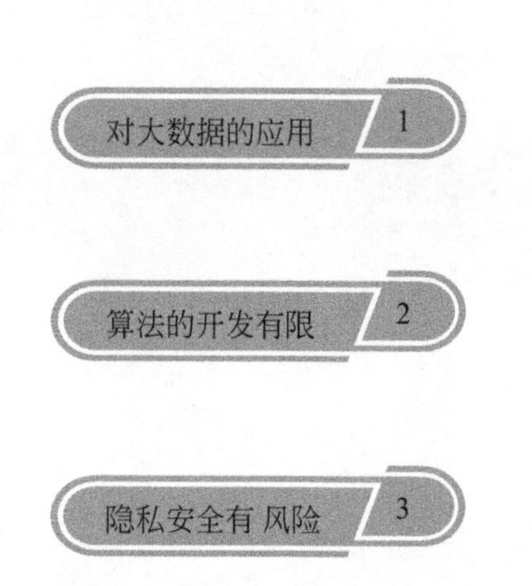

图3-1 AI产业面临的三大瓶颈

（1）对大数据的应用

数据是人工智能的重要组成部分，换

句话说，就像用手电筒时必须要先放电池一样，大数据在这里起到的作用就像电池一样，如果没有它的存在，人工智能的发展根本无从谈起。大数据与人工智能之间的关系是紧密相联、相互拉动的，我们当前所处的大数据时代，就像为人工智能直接提供了一个资源库一样，使其在数据采集方面无须耗费过多精力。

而人工智能对大数据的利用就是一个反向推动过程，其本质是具有积极意义的，但在处理数据方面，当前还有着许多困难。大数据就像做菜需要的原材料一样，只有将这些原材料处理到位，才能使后续工作的开展变得更加顺利，而未被适当处理过的大数据并不能对人工智能造成直接影响。然而，我们在目前遇到的是数据资源很庞大但应用方法不到位的棘手问题。

人工智能对于数据的处理逻辑非常清晰，从大的结构框架来看，数据需要经历从采集到分类、加工分析等一系列完整过程。但理论与实践是有差距的，作为人工智能的基础，数据需要越来越精细化才能跟上时代发展的节奏与人们的实际需求。此外，专业人员还需要面对另一个复杂问题，即如何开发出数据更大的价值，使其更好地应用于人工智能中。

（2）算法的开发有限

如果说数据是人工智能的启动装置，那么算法就是对人工智能发送指令的指挥者，就好比我们拿到了食材以后，算法在这个场景中发挥的作用是发布做菜的步骤。可以说，大数据与算法就像人工智能的左膀右臂，少了哪一个都不行。然而，我们在现阶段存在的问题是对算法的研究还不够成熟，甚至可以说距离成熟阶段还很遥远。

我们可以在行业领域中看到不少与大数据分析有关的公司、市场，但相比之下，算法的受重视程度就显得比较低了。我国如果想要大力推进人工智能的研究进程，就一定要先从内部着手，将基础打牢，如果基础都不牢固，又怎么能实现长远发展呢？但是，目前的困境与瓶颈也正在于此：核心算法缺失，对算法的研究力度不够。尽管大多数人非常清楚算法的重要性，却很少有人真正在算法领域踏实进行研究。

（3）隐私安全有风险

提到大数据，我们就必然会联想到在大数据繁荣发展场景背后的用户隐私问题。比如，受关注度比较高的隐私事件主人公“ZAO”，是一款可以“换脸”

的App，当其在朋友圈、微博等社交平台上引发了一阵传播热潮之后，使用者忽然迎来当头一棒——自己的肖像权可能会受到侵害，隐私安全受到了严重的威胁。

ZAO在这次事件中的责任非常明显，但同时，关于大数据的采集、应用与用户隐私之间的矛盾也愈发尖锐。人工智能如果想要得到阶段性突破，庞大的数据量就成了必然要素。关于这方面还没有一个明确的隐私衡量标准与完善的监管机制。

许多人在使用智能产品前都必须要先接受相关的用户条款内容，还要允许软件获取一定的访问权限，这样做尽管是获取数据的渠道之一，但对用户而言，很有可能会十分反感。如何改变这种矛盾、如何在双方都认可的前提下通过合理手段获取数据，这也是人工智能在发展过程中遇到的瓶颈。

下面，我们再结合5G技术来说一说其在人工智能寻找突破口的问题上能够提供的帮助（图3-2）。首先，5G技术能够带来的直接影响是网速提升、延迟下降，这就等同于人们在上网过程中会制造出更多的数据，不同领域的人工智能也将因此而得以有效扩张自己的大数据资源库。

图3-2　5G如何解决人工智能问题

在这里需要注意一点，即并不是所有的数据都具有被加工处理的资格，人工智能还需要在大量的数据中进行筛选，这里就要用到云计算、边缘计算等专业计算方式了。5G能够对大数据的收集、分析进行优化，可以提升人工智能的数据处理效率，提升其数据应用效果。

其次，5G时代的到来尽管不能说彻底打破了当前的算法研究僵局，但或多或少会使局势得到缓解。5G是一种新技术，而一个新设备必须搭配相应的新配件，而不能继续沿用那些古老的配件。提到创新，我们就必须将焦点聚集在华为公司上，不得不说，华为始终致力于原创开发的工作，而不主张过度依赖。华为在2019年下半年不仅在5G工作中有了诸多突破进展，并且还研究出了全新的算法，这一成果无疑会带动国内算法行业的发展，也使人工智能应用有了更多的可能性。

而对于隐私问题，尽管5G的网络安全风险相对来说也比较大，但比起过去，相关专业人员在解决该问题方面做出的努力也非常明显。技术层面，如双层验证、虚拟技术、网络切片等，都可以为5G打造出更加牢固的用户安全框架。

在隐私标准方面，我国现阶段正在加快制定行业标准的步伐，而对于网络安全的监督力度较以往来说也有所提升，技术与政策标准、监督管理等方面的结合能够使用户安全得到更好的保障，而人工智能也可以在数据采集方面增加更多的合理性。从整体趋势来看，5G与人工智能是相互促进的关系，二者要协同发展才能使各自的发展前景更加广阔。

3.2 绝佳搭配：5G网络重构与AI发展三要素

我们在上一节中已经阐述了5G与人工智能之间的关系，在本节，我们将对二者进行更深入的探讨。如果二者能够实现优势互补、相互搭配，就很容易制造出更佳的应用效果，因此我们需要就5G的网络架构问题与人工智能的主要构成要素两大方面分别进行论述，然后再去了解它们的结合方向。

5G的网络架构比较复杂，我们可以将其拆解为三大要素（图3-3），分别是接入网、核心网与承载网。由于5G技术在不断革新，其网络架构也必须紧跟其革新的步伐重构。不过需要声明一点，这里所指的网络重构并不会对其基础框架进行增加或删减，这三种网络暂时是固定不变的，要调整的只是网络自身在业务方面的转化，以此来辅助5G的网络重构。

（1）接入网

接入网的主要工作是负责将用户终端与网络连接起来，而其组成要素也随

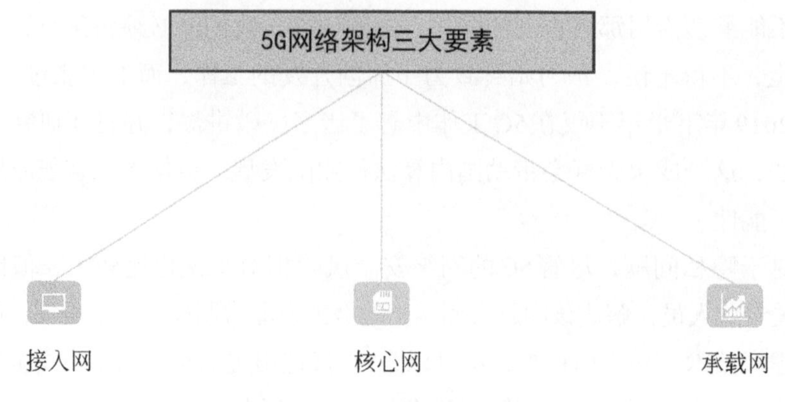

图3-3　5G网络架构三大要素

着5G时代的推进而发生改变，当前的主要发展路线是实现共享化效果，接入方式也转向了无线接入。实现资源共享可以有效减轻基站压力，而无线接入网的共享将成为5G时代的主流趋势。

（2）核心网

5G核心网在架构上的调整非常明显，不仅在控制面和用户面之间的隔离操作上有了新的改变，并且还在控制面上添加了新功能，即对网络切片的选择。就两个面的分离情况而言，二者能够更加独立，而无须再受到统一管理的影响，分别行动往往能够使业务的完成效率得到提升。而5G核心网改版后更注重对网络切片形式的应用，在虚拟技术方面的建设也能使AI的智能监测效果变得更好。

（3）承载网

就承载网而言，其同样由于受到5G技术的影响而在架构上出现了较大的改变。5G承载网不仅在部署形态上变得更加灵活，另外由于带宽的大量增加，其业务连接方式比起4G时代也会更加灵活。而我们在核心网中提到的网络切片技术，在5G承载网中同样是存在的。

这三大网络的重构都是因为要与5G相结合，或者说根本就是构建5G业务的必经阶段。除此之外，我们可以再从国内运营商的角度来探讨一下关于5G网络重构方面的知识，毕竟对运营商来说，5G在它们的主营业务收入中占据了较大比例，因此它们往往会更注重网络重构能够为自身带来的好处。

首先，我们可以先从云间互联的加速发展说起。云间互联最关键的问题在于“互联”二字，即为用户提供更高效的数据传输服务。在5G的支持下，云间互联的网络状态会更加稳定，并且能够实现不同类型的云计算方式的内部互通。其次，由于人们的需求场景变得越来越多、各项新兴业务的发展速度越来越快，城域网需要承担的任务压力也在逐渐增加。

城域网的作用范围即为某个城市，其核心功能是连接城市范围内的局域网、数据库等。我们平时经常接触的视频通话等远程形式的通信，背后就是城域网在默默发挥作用。在没有与5G联系起来之前，城域网其实一直没有停止对自身承载能力的革新，而当视频类业务随着5G而逐渐呈现出新特点之后，城域网就需要再次做出程度较大的调整。

总结一下关于5G网络重构的内容，其实主要就是对网络架构自身与业务能力两大方向从技术、理念、设计方案等方面进行的调整或变革。每个时代都有自身的网络特点，4G时代的网络架构已经不适用于5G时代，这就像过去人们的生活需求是达到温饱状态，而当前人们更注重在精神、娱乐方面的满足程度一样。并不是说时代的变迁会使每个因素都发生改变，但一成不变也是不可能的。

说完了网络重构，我们再来看一看与5G有着密切关系的人工智能三要素，即大数据、算法以及计算能力（图3-4）。其中，前两类要素我们已经在上一节中进行了简单介绍，因此接下来会更侧重于对计算能力这一要素的讲解。

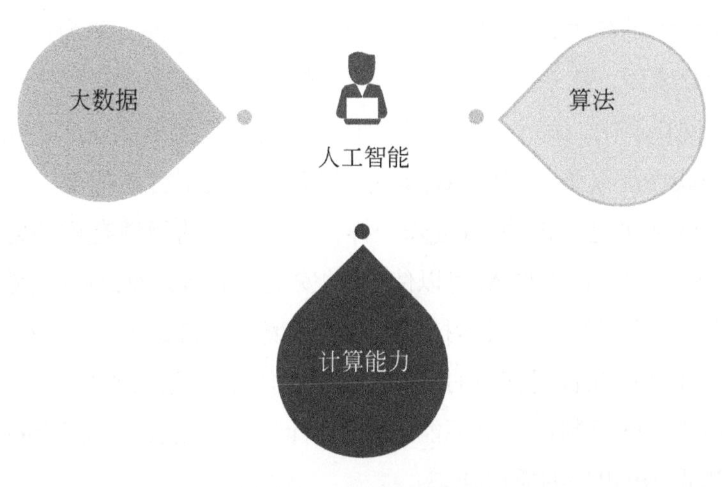

图3-4　人工智能三要素

（1）大数据

如果说到依赖性，那么人工智能对这三大要素无疑都是非常依赖的。但是，作为初始的进入关卡，大数据是负责堆砌房子的砖石，如果没有足够多且质量过硬的砖石，即便勉强越过数据去完成后续工作，其效果也不敢保证，很有可能只是在浪费时间。因此，不要忽略数据所起到的基础作用。

（2）算法

我们在上一节说过了国内现阶段在算法方面的困境，那么在这里就说一说算法对于人工智能的重要意义。算法是逻辑性非常强的指令，如果算法自身存在问题，人工智能的某些行为将很难进行。换句话说，算法就像一种解题思路，只有思路正确，才能使解题的效率得到提升。

（3）计算能力

我们可以将该要素简称为算力，从普通定义来讲，我们可以将其理解为每秒能够完成多少次的碰撞。在5G浪潮与人工智能的联合推动下，企业对于算力的需求越来越大，而成本则成为企业需要面对的困难问题。人工智能离不开算力，并且算力也必须寻找到一个突破口，否则很难应对高速增加的计算量。而在算力的研究工作中，华为仍然占据主导地位，其推出的最新型人工智能平台有着非常强大的算力，能够明显拉动运算速度。可以说，华为在智能领域方面的布局十分全面，几乎覆盖了当前所有比较热门的领域。

在互联网环境中，每个要素的改变几乎都会对其他要素造成影响，每种技术之间的关联性都很强。就像5G网络重构会激发人工智能的潜能，而人工智能三大要素的优化也会带动5G进步一样，二者所在的领域有重叠之处，对彼此也有不同的需求。比方说AI可以使5G的安全性更高，而5G的高效率、低延迟等优势能够使人工智能三要素打破当前的困境，找到更通畅的捷径。

5G与人工智能在各司其职的同时也会相互协作，要注意把握好二者结合的平衡点，不要过度压制谁，也不能过度忽略谁，只有这样才能使5G时代的人工智能得以呈现出更好的应用状态。

3.3 创新机会：所有传统低信息化模式均将被颠覆

在过去，“人工智能会颠覆我们的生活”这句话也许只是一个玩笑或一个随口说说的观点，然而在各种智能技术正在蓬勃发展的时代，这句话在不久之后很有可能成为现实。许多不可能都是由于创新变成了可能，也许有许多人还没有发现，自己习惯的传统生活模式正在悄无声息地发生改变。

对普通人来说，出现在他们身边的人工智能似乎显得比较“简单”，比如说语音识别、智能电灯等与日常生活联系得十分紧密的产品。事实上，这类智能产品所应用的技术也比较复杂，但由于其展示出的智能特点比较生活化，因此其技术难度就很容易被人们忽略掉。

就好像如果人工智能应用到闹钟上面，除非闹钟可以实现飞跃式的变化，否则大多数人都不会意识到人工智能正在一点一点替代着传统模式。人们能够真正感受到人工智能的“高级感”，一般都通过新闻、资讯、大型会议等渠道，比较有距离感的报道会为人们勾勒出人工智能在未来的美好场景。但实际上，如果对新闻的关注比较频繁，或经常在社交平台上搜索与人工智能、5G有关的信息，就可以很明显地感受到人工智能在有计划地逐步推进。

2017年，国内的著名棋手柯洁曾参加过一场将人工智能当作对手的比赛。如果你不太了解柯洁在围棋领域的成就，我们可以借助几个数据来进行简单了解：22连胜、长达40个月的排名第一、7个世界冠军……这一系列成绩足以彰显柯洁在围棋上的能力。而与人工智能的那场对战，柯洁最终却以0 ∶ 3的比分落败。

原本，人工智能在一些人的理解中就与小孩子经常玩的智能玩具水平差不多，如电视上经常打广告的机器狗、学习型机器人等。而在经过了柯洁这次比赛之后，人工智能才正式刷新了人们对其的印象，且那时候仅仅是2017年，人工智能的发展速度、技术水平离相应标准的距离还很遥远。赛后，柯洁本人曾表示与人工智能对战会让他有一种被动感，尽管在对战过程中柯洁也曾有过优势时刻，但由于心理上的压力，柯洁还是输掉了比赛。

我们无从评判这样的人工智能在未来对人类社会的影响是利多一些还是弊多一些，但我们必须承认一点，人工智能与过去相比的确有了突破性进展。另外，还有一个很有趣的现象，即人工智能如今已经成为某些领域职业选手的“陪练”，如围棋、钢琴等。而这些如果在以前被提起来，就好像一个美好的梦。

一种新兴事物的诞生与推广不可能只有支持的声音，创新其实就是一种颠覆性变革，无论人们是否想接受，这种变革都是具备必然性的。我们可以对那些反对人工智能的观点进行总结：一部分人属于非年轻群体，他们已经习惯了传统模式下的生活起居状态，不愿意自己的生活节奏被打乱；另一部分人则认为人工智能会对自己造成威胁，比如说面临着失业的风险。

事实上，这种顾虑并非没有依据，只是时间长短的问题而已。万物都有两面性，人工智能在为人们的生活带来便利条件的同时，也有可能会替代某个工作岗位的任务。不过，如果我们辩证地看待这件事的话，人工智能存在可能引发失业危机的情况，是不是也会出现一部分新的就业机会？当然，目前在社会上的多数岗位还没有明显受到人工智能的波及，不过商业市场即将迎来的内部大洗牌却是肯定的。下面，我们就分别从几个主要角度来分析一下人工智能可能或已经产生的改变有哪些，如图3-5所示。

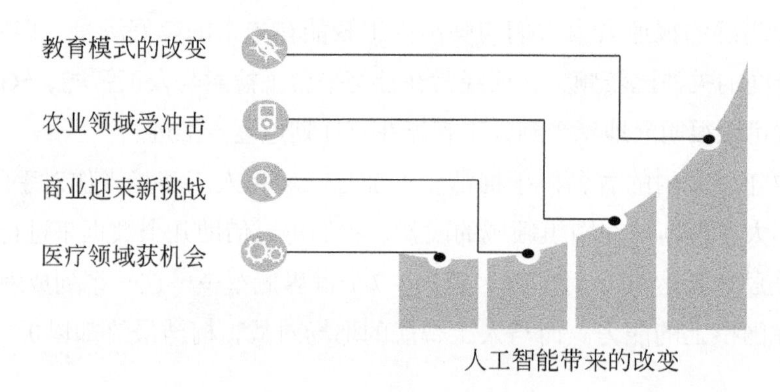

图3-5 人工智能带来的改变

（1）教育模式的改变

人工智能在教育行业中的地位上升速度很快，而且有不少人已经接受了由人工智能来主导的教育场景。我们就以那些智能儿童玩具为例说明，不要以为这些玩具还像以前一样只会做一些简单的操作、教一些十分基础的知识，如一加一等于几这样简单的问题，这对现代的智能玩具来说已经过于简单了。这些玩具不仅可以与孩子进行智能交流，并且已经涉及了各个基础学科，如语文、数学、英语等，有些甚至可以识别西班牙语等小语种，此外还配备了闹钟提醒、天气播报、远程监控等丰富的功能。

除智能玩具以外，一些智能化设备也已经开始陆续引进教学课堂中，对传统教学方式造成了不同程度的改变，使学生能够更形象、更便捷地理解某些知识。不过，有些智能产品也存在争议，比如某学校让学生佩戴头环，可以监测、管理学生的上课状态，这种教学形式就引发了人们比较激烈的讨论。

（2）农业领域受冲击

传统的农业模式需要耗费大量人力，而人工智能在农业上做出的颠覆影响基本都是正面的、积极的，存在的争议声会比较少。在农业领域，人工智能可以作用于养殖模块、选种模块等重要的农业构成部分，而国内的各大知名行业巨头也在人工智能+农业的新型模式上有所投入。比如说腾讯在2018年宣布的"AI生态鹅厂"方案，在当时成功吸引到了一部分人的注意。无论如何，人工智能的技术革新对农业做出的贡献还是比较大的，不仅能够使农民的工作压力有所缓解，也能减少农业在气象灾害方面可能受到的不利影响。因此，农业也是人工智能在未来的重点关注行业。

（3）商业迎来新挑战

人工智能的出现必然会使当前的商业体系发生改变，主要体现在实体化购物与互联网购物日益明显的冲突问题上。信息技术的发展带动了网上购物，而人工智能很有可能会使网购热潮变得更加猛烈，尤其是当它与5G相结合的时候。

对消费者来说，人工智能就像一个隐形的购物引导者一样，能够根据用户产生的大数据向其提供个性化服务，而这会成功激发用户的冲动购物欲望。另外，人工智能还会使智能产品的商业价值变得更高，如智能体重秤、智能婴儿床等，这些产品能够高效处理人们在传统模式下无法解决的问题。

（4）医疗领域获机会

人工智能与医疗领域的结合在当前已经非常贴近我们的生活了，有些人工智能产品甚至已经成为医院中的必备品。从小的层面看，电子病历、智能护理床等产品能够使患者的就诊效率提高，也能使其在接受医疗救治时减少一些身体上的不适感；从大的层面看，人工智能可以作用于关键的医学领域，如自闭症、癫痫等。通过对全面监控、及时预警、数据分析等功能的合理使用，人们有望看到国内医疗水平实现向下一阶段大步迈进的场景。

根据上述内容，我们可以感受到人工智能将会在未来对人类社会造成的巨大冲击，其对传统模式的颠覆是很正常的，但我们当前并不能准确评估人工智能的发展方向是否正确，对社会造成的影响是否利大于弊。不过，有一点是很明确的，即我们不能因为害怕那些未知因素而拒绝技术的进步。

3.4 机器学习：5G时代有无数AlphaGo帮我们解决实际问题

当你面对庞大而冗杂的数据感到焦头烂额时，当你想要试图从数据中挖掘出更大的价值时，你一定要想到机器学习这一概念。机器学习的存在历史已经不短了，但这并不影响它在5G时代被赋予新的意义。

在上节中，我们以柯洁和人工智能对战这件事为例，介绍了人工智能在当前的先进程度，而该案例中的机器人被命名为AlphaGo。除柯洁以外，AlphaGo还与几十名职业选手进行过围棋对决，胜率接近于百分之百。在大众看来，尽管他们不知道AlphaGo的具体技术原理，但他们能清晰地感受到来自机器人的惊人“智力”。

AlphaGo所应用的原理是深度学习，即利用神经网络来集中处理信息问题，需要用到大量的数据。而深度学习同时涵盖在机器学习的范围中，与机器学习之间具有一定联系。那么，机器学习又是什么呢？简单来说，机器学习的核心就是算法，而其发挥的主要作用就是通过接收到的数据来进行预测分析。机器学习能够推动人工智能的发展，是人工智能必不可少的一部分。

为什么我们说机器学习对人工智能来说如此重要呢？举个例子，对机器学习的研究其实就像在养孩子、教学生一样，而且这个学生的知识在未培训之前基本等同于一张白纸。技术人员需要向机器“投喂”大量的数据，他们的任务并不是强硬地让机器去记住什么，而是重在机器的自主学习。就像老师总是会通过独特的教学方法来教导我们，而不是命令我们背下某个公式、某段文字就算授课完毕一样，人工智能重在“智”，而机器学习则重在“学”。

机器学习需要根据数据、资料来反复学习、“思考”，通过这种方式打造出的智能产品一般能够帮助人们去高效解决某些问题。下面，我们就来看一看机器学习的主要研究方向都有哪些，如图3-6所示。

图3-6　机器学习的研究方向

（1）模式识别

从字面意思看，模式识别的含义就是对某种事物或环境进行分析、辨认的过程，其实就像人脑的本能反应一样。比方说你在用餐过程中看到一道菜，你就可以说出它的菜品类型，如川菜还是粤菜，或是当你遇到某个动物时，你会迅速反应出其是否有攻击性、是否会对自身造成威胁等，这就是来自头脑的信号，从而使我们可以轻松地完成事物的归类与识别。

不过，进行识别的前提是我们的头脑中已经储存了大量的知识，知道对应分类的特征。但对机器来说，在技术还没有先进到一定程度的时候，机器的识别终究比人类的大脑鉴别要困难许多。尽管现阶段较过去来说在该领域的成果质量已经有了较大的提升，但如果想要使机器识别变得更加智能化，出错率尽可能降低，还需要走一段很漫长的路才能实现。

（2）数据挖掘

数据挖掘是机器学习的主要方向，一般需要经历数据采集、数据筛选、数据分析的过程，期间有时还需要建立相应的模型来辅助检验。数据单独存在并不具备意义，就像我们说“5”这个数字一样，它可以代表许多东西，但如果我们将其放到特定场景中，如5℃的天气、5点来开会等，这样才能使数据具备价值，这其实也是一个将数据向信息转化的过程。

机器学习会通过重复练习提取出重要数据，而技术人员更看重的则是它在数据预测方面的能力。精准的预测无论作用于哪个领域都能为其提供极大的帮助，能够尽量拉低风险事件发生的可能性，这对于某些特殊领域如金融、交通等具有非同一般的意义。在过去，人们习惯于通过自己已有的知识与常识来进行判断、预测，尽管专业能力较强的人也可以实现大概率命中效果，但如果再加上机器的力量，就可以使预测结果的精准率再提高一层。

（3）自主决策

我们对于机器学习的目标并不是使其能够根据某个预设指令去完成相应任务，而是要尽可能地提升其自主性，使其能够有更多自己的智能思考能力，以此来根据数据进行决策。而这里就要求为机器准备的数据一定要充足，少量数据完全不足以支持机器找出规律，也就无法完成预测工作了。

机器学习离我们的生活很近，相信通过模式识别这一项，就可以联想到我们频繁接触的某些智能识别工具了。除此之外，机器学习还能够在多个领域为我们解决问题，其中有几个类型特点比较鲜明，如图3-7所示。

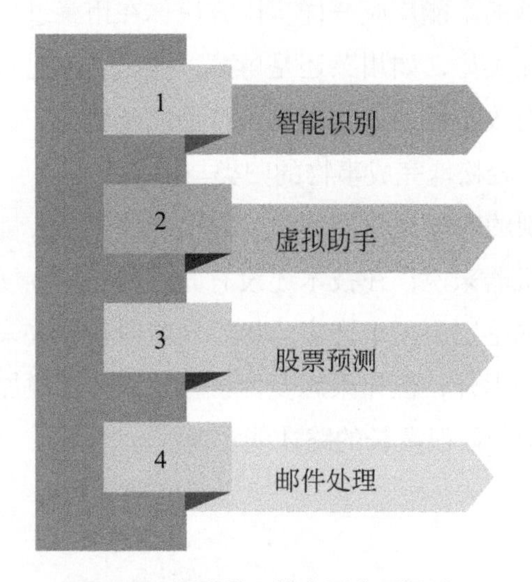

图3-7 机器学习的主要应用领域

① 智能识别　机器学习的智能识别领域有很多，如人脸识别、语音识别、文字识别等。这些识别类型的推出还带动了一系列新兴产业的发展，市场中有许多互联网产品都应用了机器学习的识别技术，如百度语音、讯飞语音等。而人脸识别不仅能够为我们的生活带来便利，如公司、住宅的出入，而且可以使诟病已久的信息安全问题得到改善。可以说，智能识别功能在普通人的生活中发挥的作用是很大的。

② 虚拟助手　提到虚拟助手，比较知名、人们比较熟悉的当属苹果手机的Siri，语音识别是它的工作方式，同时也是Siri的核心特点。Siri能够为手机用户提供非常多的帮助，比如说实时翻译、查询天气、行程提醒等，随着其功能的逐渐丰富，Siri已经完全可以称得上是一个合格的虚拟助手了。目前在市面上除Siri以外还有许多其他类似的智能软件，大都可以通过语音的形式进行交流，而此前有一阵“调戏Siri”的热潮，其实也是其智能性的体现。

③ 股票预测　股市的动荡性、不确定性是为持有者带来资金损失风险的主要因素，而机器学习能够尽量改善这种情况，但需要借助专业模型来实现。当机器学习寻找到相应的规律后，就可以对股票的价格走势等关键信息点进行预测，但自己也要有一定的思考、判断能力。

④ 邮件处理　我们在这里所说的邮件处理特指垃圾邮件，在日常生活中有些邮件并不会被递送到我们眼前，而是会被打上垃圾邮件的标志主动过滤出去。这看上去似乎只是一个简单的分拣工作，然而机器需要经历的流程却包含着对庞大邮件数据的处理、对测试模型的建立以及对分词、符号的优化工作，最后才能呈现出我们看到的垃圾邮件分类场景。但许多时候这种智能处理也无法达到绝对精准，分类有误也是时有发生的事情，不过正确处理所占的比例还是很大的。

在5G时代，我们的生活质量会在机器学习技术的应用下变得越来越高，机器逐渐可以代替我们去做更多以前无法做到的事。人工智能与现代社会的融合已经成为必然趋势，我们需要一点点地去适应这种改变。

3.5 率先爆发：虚拟助理、智能家居将率先展现5G+AI红利

在4G时代，很多市场的格局由于受到各类智能产品的冲击而发生了变化，而在5G与人工智能相结合的时代，产业的变革一定会比过去更加明显。不过，与4G的变革比较相似的一点是二者都需要一个爆发点，而这个点应该最能体现5G+AI的结合特点，并不是随便一个领域就能推动产业变革。

人工智能的逐渐普及，意味着许多原本只在科幻小说中出现的场景会应用到人们的实际生活中。在人们原本的美好构想中，通过智能识别系统进入家门、房间，灯光会随着开门的瞬间而自动点亮，无须操控遥控器即可使空调进行自动调节，厨房的智能显示屏会展示今晚的菜谱……像这些智能化的家居环境，想必无论是大人还是小孩都曾经有过类似的想象。而这些场景中，有些在现阶段已经得到了实现，还有些正在研发者的计划清单中，正在以较快的速度一个一个推进。

有需求才有市场，有市场就意味着许多新型产品将会崛起。事实上，人工智能也可以应用到某些高级领域，比如智能导诊系统、监测人体血糖含量的医疗设备等。毫无疑问，这些应用非常专业也极具价值，但为什么我们不能将其当作那个爆发点呢？主要有两方面的原因：第一，上述提到的某些智能医疗设备尚不具备广泛使用的条件，适用人群的局限性较强；第二，爆发点是能够引起市场结构变化、能够激发人们购买欲望的，如果想要尽可能提高爆发程度，就一定要贴近人们的生活。无论是哪种技术引发的变革，其商业化的趋势往往都是自低向高攀升，而不是一开始就将商用起点调高。人工智能可以用于手机也可以用于航空，但很显然，后者并不能带来市场红利。

再说回备受关注的智能家居类产品，无论是人们不断提高的需求程度还是5G技术的催促，有着敏锐商业嗅觉的公司都早已盯上了这一具备商业潜力的智能领域。目前做该类型产品比较知名的公司包括海尔、新飞智能、行至云起、腾讯等，这其中有些是专门做智能家居产品的，有些则是在中途单独开辟出这

一产品模块的。无论如何，这些公司的目的都非常明显：站在5G时代的风口，抢占智能家居市场。智能家居产品类型多样，我们可以挑选出几类在市场中销量较好或比较具有特色的产品，如图3-8所示。

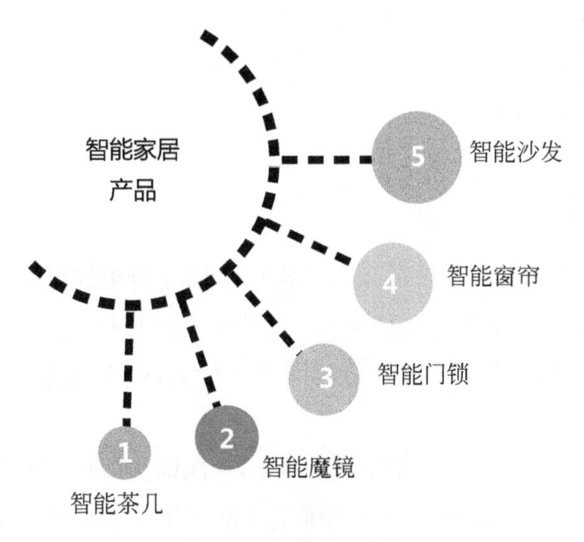

图3-8　智能家居产品

（1）智能茶几

在人们对未来的设想中，门窗、厨具等家居用品都可以产生一定的智能联想，但对于茶几，似乎除了在上面放东西的基本功能以外，就没什么能够与人工智能联系在一起了。但事实证明创意性思维永远是无止境的，目前最新款智能茶几已经快被打造成一台大型iPad了——用户可以通过触摸智能茶几的平面来进行交互，触感的灵敏度甚至可以与在手机屏幕上的操作手感相比。通过点触、滑动等方式，用户能够将智能茶几变成一本电子书，也可以将其当成一块画板、一个记事本。当然，如果你想要用它来娱乐一下，如听歌、购物等，也是完全没问题的。不过，这款产品尽管与传统茶几相比独具特色，但价格也比较昂贵，短期内很难得到广泛推广。

（2）智能魔镜

看到魔镜这个词，你会想到什么？是不是会想到《白雪公主》中能够回答王后问题的那面镜子？当童话故事中的场景变成现实，你会不会觉得很心动？

智能魔镜产品的受众一般以女性群体为主，因为其主要功能除了最基本的对镜梳妆打扮以外，还能够根据用户即将前往的场合给出相应的穿着、化妆指导，这不仅能够省去用户在这方面思考所耗费的时间，还能使其在穿搭上更加亮眼。另外，用户还可以通过智能魔镜获取天气状况或浏览新闻，这些综合特点使魔镜的安装地点也变得更加多样化，无论是卫生间、厨房还是卧室，它都可以发挥出自己的作用。

（3）智能门锁

如果说上述两类产品能够使人们的家居生活变得更加便捷、丰富，那么智能门锁的出现就可以显著提升住宅的安全性。我们以小米公司的智能门锁举例，其产品在外观设计上看似与普通门锁没什么区别，但在功能上却改善了太多。

比如说可以用指纹代替钥匙开门，解锁一次即失效的“临时密码”，5G技术支持下的低功耗、长待机……这些都是非常实用的新功能。指纹与密码的双重开启方式适合多种场景，也解决了住户忘带、丢失钥匙而无法进门的问题。最重要的是，小米这款门锁还添加了遇到异常情况就发出警报的功能，可以尽量降低住户在各方面的损失与风险，这是传统门锁无法比拟的。

（4）智能窗帘

不要认为智能窗帘的功能只是能够代替用户拉开或关闭窗帘，它的功能贴心到能够让用户安安稳稳睡一个好觉，能够为其打造出一个非常舒适的休息环境。打个比方，如果你在下午两三点阳光非常灿烂的时候想要看书或在电脑上看电影，而阳光却在干扰着你的视线，这时候你完全不需要站起来拉上窗帘，因为智能窗帘已经感受到了光线的变化。

另外，用户完全可以根据自己的需求来对窗帘设定相关时间，比如起床时间、下班时间等，窗帘会根据时间指令来完成任务。智能窗帘还有一点要优于普通窗帘，即完美的隔音效果，可以减少外界噪声对用户造成的干扰。

（5）智能沙发

沙发给人的印象就是舒服、放松，而智能沙发则在此基础上使其使用效果又提高了一层。当你躺或坐在智能沙发上的时候，可以对沙发的角度、形态进行调整，还能享受到沙发自带的按摩功能。

当前市场上的智能家居产品数量变得越来越多，各种不同功用的传统家居产品都被植入了新的技术，而各类虚拟助理类产品也开始逐渐受到人们的重视，进一步加快了产业变革的速度。此外，各大公司在该领域的市场竞争也越来越激烈，他们不仅要通过各种渠道来收集更全面的用户需求，还要不断提高自己的人工智能技术，使其能够与产品做到更完美的融合。如果产品质量没有达到标准、智能化程度不高，即便再怎么加大产品的宣传力度也没有用。

无论如何，被人工智能覆盖的生活场景都是值得期待的。也许在不久的将来，我们就将迎来5G+AI的智能时代，到那时候，我们会体会到将想象变成现实的感觉。

【案例】

美团每日2000万单外卖管理背后的人工智能

如果你是一个喜欢点外卖的人，那么你一定也接触过美团外卖这款软件。哪怕你没有使用过，也一定听说过美团外卖那句传播非常广泛的宣传语“美团外卖，送啥都快”。如果在美团外卖刚上线的时候，可能还有人会对这句话表示质疑，但当它逐渐发展起来，所应用的技术也越来越先进之后，这句宣传语就成了一句大实话。

为什么外卖业务的发展速度如此之快？一方面，外卖能够解决不想出门买饭或嫌做饭麻烦这类人群的烦恼；另一方面，有大部分点外卖的人是因为赶时间或不方便，只想用最快的时间来解决一顿饭。无论选择点外卖的人属于哪一类群体，他们都一定有一个共同的需求点——快速配送。这个需求很好理解，因为不论谁都希望快速吃上热腾腾的饭菜，而不是等待一两个小时以后吃完全冷掉的外卖。

因此，在这种完全不需要争论的用户需求前提下，各个外卖公司就有了明确的目标，即谁能更快地将外卖送到用户手中，谁就能获得更大规模的用户，使品牌的市场竞争力增强。那么，美团外卖是怎样达成这个目标的呢？人工智能技术在其中又发挥了什么作用呢？在这里，我们必须提到美团外卖的智能物流系统，其系统优势如图3-9所示。

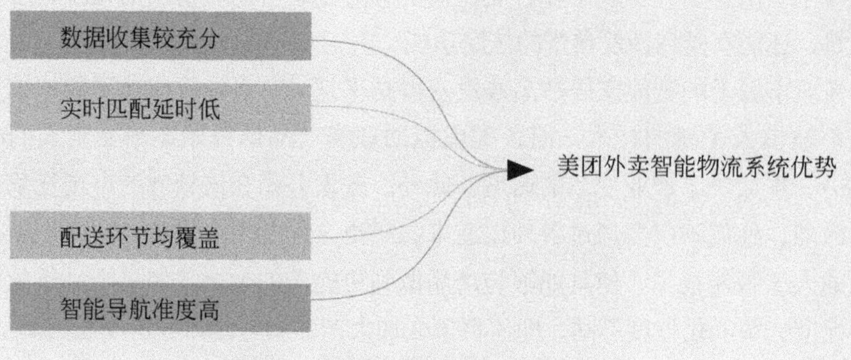

图3-9　美团外卖的智能物流系统优势

（1）数据收集较充分

数据是人工智能的重要支撑部分，而该智能物流系统需要就外卖这个场景收集多个方面的数据。比方说对外卖影响极强的天气情况，是晴朗还是降雨、降雪，再比方说路况情况是否出现异常、是否能够按照初始路线行驶等，这些都是智能系统高效应用的必备条件。系统拥有了充足的数据，就意味着骑手能够有效防范在送外卖过程中可能出现的意外事件，从而进一步缩短外卖送达的时间。

（2）实时匹配延时低

对外卖来说，无论是骑手还是收货人，最重视的都是时间。美团外卖在2019年下半年再次创下了单日订单量超过3000万的优异成绩，但这惊人数据的背后其实隐藏着非常多的棘手问题：当用户提交订单后，系统需要快速为新订单寻找到对应的骑手。匹配骑手这件事不像等车，等车可以有几分钟甚至更长的等待时间，但如果新订单发出后要耗费几分钟才能成功完成匹配的话，会很容易影响到后续环节，并会直接延长用户的收货时间。

因此，这就要求系统的延时必须要低。当前美团外卖匹配一单大概在十几秒内即可完成，如果将5G技术植入其中，很有可能会提速成为秒完成状态。另外，在智能匹配这边还有一个问题，即匹配的骑手必须是最优人选，而不能让一个距离目的地有一小时路程的骑手去接单，这无异于是在消磨收货人的耐心，也会影响到整体的外卖配送效率，而该智能系统在这一问题上处理得很好。

（3）配送环节均覆盖

外卖配送包括许多环节，而不仅仅是在某单一环节添加人工智能技术。美团系统中的人工智能覆盖了从接收订单到点击送达过程中的每一个环节，以此来保证外卖配送全流程的智能性、安全性。

（4）智能导航准度高

在美团外卖过去的用户差评内容中，有较大比例的用户反映了骑手配送速度慢的问题。但实际上，大多数情况下骑手都在顺利接单后就开始迅速取餐、送餐，除非由于恶劣的天气原因会导致延迟送达以外，大多数环节看起来都没有什么问题。那么，就只剩下一个因素：导航有误，配送路径出现问题。

要知道，导航地图对骑手来说至关重要，如果导航不能起到正确的引导作用，那么一定会影响骑手的配送效率。而智能系统上线后，地图的定位精准度就有了明显的提高。

美团外卖的智能物流系统应用了许多人工智能技术涵盖的内容，比如说机器学习、深度学习等，另外还配备了云计算、边缘计算等高效计算模式，目的是从多个角度来尽可能改善用户的体验感。另外，美团外卖还于2017年年底推出了美团专属的智能语音助手，该产品的主要针对目标是骑手，目的是能够使骑手受益，从配送效率到个人安全都能得到保障。具体内容如图3-10所示。

图3-10　美团智能语音助手的功能

（1）语音交互

在智能语音助手还未上线之前，骑手如果想要查看订单状态或拨打、接听用户电话，必须要通过手动操作来完成，而这一行为无疑会使骑手身上的安全隐患增加。试想一下，大多数骑手如果要在预计时间内完成餐品送达，就必须以较快的速度行驶。而这种时候，如果是停下车来操作手机还好，如果是边快速骑行边单手操作，骑手很容易出现交通事故。

事实上，这类新闻的出现频率并不低，而美团公司正是考虑到了这一点，才会开发出这一款智能产品。该款产品上线后，骑手可以专注于驾驶车辆，并通过语音交流的方式来完成外卖配送过程中的各项操作，比如说接收订单、拨打电话，而完全无须再因各种外卖问题而分心。

（2）智能提示

智能语音助手并不仅仅是一个语音识别工具，它还具备一定的自主思考能力，完全可以成为骑手专属的私人虚拟助理。打个比方，当骑手骑行速度超过安全标准时，骑手的耳机中就会响起警报提醒。当天气出现异常时，骑手也可以及时收到提示，以此来做好相应的防范准备。

（3）歌曲播放

智能语音助手除了主要的配送功能以外，还贴心配备了一个音乐库。该功能没有什么特别重要的意义，但可以使骑手在结束工作后或闲暇时间听一听歌曲放松一下，从某种角度来说也是一种人性化的功能。

另外，无论是美团外卖的智能物流系统还是智能语音助手，其功耗都控制在了较低程度，以此来支持骑手每天较长时间的工作。美团外卖之所以能够在外卖领域取得竞争优势，不仅是因为对人工智能的良好应用，而且还考虑到了骑手的安全问题，这一点也非常人性化。

要知道，尽管研发智能语音助手会耗费较多的资金，但其应用效果却不会令人失望。保护骑手的安全不仅能够使骑手的工作效率、工作态度更好，而且能够使品牌形象得到提升，毕竟，一个连骑手安全都不重视的公司，又怎么能够得到用户群体的支持与信赖呢?

在人工智能这条路上，美团外卖始终走在研发革新的第一线。比如说美团在2018年研发的无人配送智能车，其车辆在餐品保温功能上做得更好，而且还配置了传感器，使其能够应用于更多外卖场景中，尽管当前的配送主力还是骑手，但在人工智能技术的研究与利用工作上也不能放缓脚步。

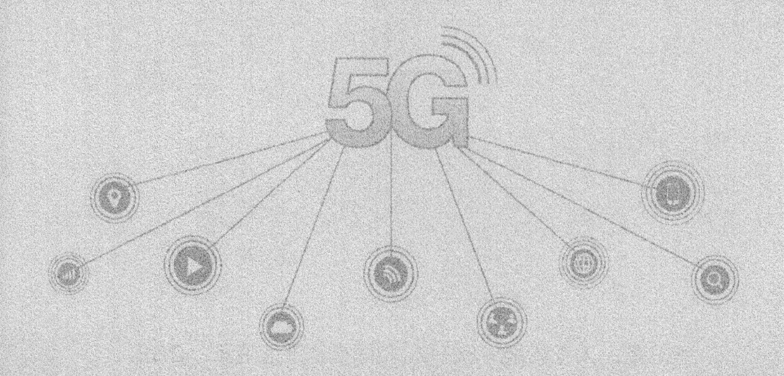
5G

第4章

智能制造：从自动化生产到智慧化生产

工厂的主要职能是加工生产某样产品，而制造业在这些年里也经历了几次程度较大的变革。可以说，智慧化生产模式尽管还未达到全面应用的成熟阶段，但其在5G时代的影响力是毋庸置疑的。在未来，你或许会看到许多小型机器人快速、有序地在工厂中穿梭，而各类生产机器也一改往日的笨重形态，占地面积变得更小、工作效率变得更高。与此同时，智慧化生产还可以解决许多过去遗留的棘手问题，如资源浪费、易燃易爆等。

4.1 产线升级：物联网、云化机器人实现产线智能升级

在早期时候，人们提起工业，脑海中浮现的还是手动生产的场景。随着工业技术的快速发展，工业变革程度开始愈发明显，自动化生产的推行逐渐改善了工业领域的生产效率。当时代过渡到崭新的技术时期，智能生产的潜力又在5G的推动下得到了体现，产线升级是5G时代的必经阶段，本节会对5G背景下的工业革新内容进行详细阐述。

尽管工业领域的特征在每个时代都有不同程度的改变，但有一点是很明确的：时代更迭同时也意味着优胜劣汰，只有具备价值的事物才会随着时间前进、更新。存在的时间越是久远，就表示事物越是被人类社会所需要。而工业就是这么一个经历了几次重大变革却依然强势的产业，想必在人们还需要依靠自己的双手来进行生产制造的原始时期，没有人想过有一天可以实现借助机器来代替人力劳动的场景。

当然，不要说现在，即便是5G大面积覆盖工业领域的未来，机器人如果想要完全取代人力也是不太可能的。毕竟即便一个工厂里都是机器人在移动，也需要人来进行相应的调控，机器在当前阶段可以做到自主思考、判断，但就像人们生病需要看医生一样，机器如果出现了重大故障也需要人工维修。不过，工业与5G结合后的确可以为制造系统带来较大的改变，我们可以先从工业物联网的角度来进行分析。

对工业物联网来说，最重要的就是对“物”的管理。如果说传统的工业模

式是一个比较分散的集体，那么工业物联网所起到的作用就是将这个集体统领起来，以此来实现对连接对象的管控与分析。工业物联网的运作过程仍然离不开对5G与云计算技术的利用，需要转化、处理大量数据，并通过提取重要数据来改善整体的工业效率。那么，工业物联网具体有哪些优势呢？如图4-1所示。

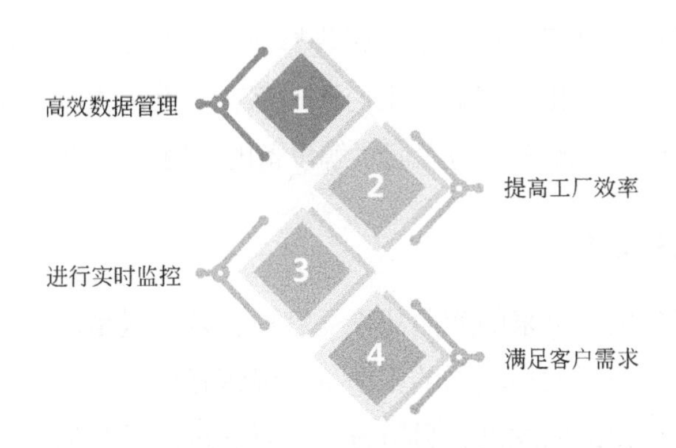

图4-1　工业物联网的优势

（1）高效数据管理

物联网需要将数据转变为有效信息，而将其放到工业领域后，需要连接的硬件、设备数量非常多，这就导致工业物联网需要处理的数据量也会持续扩大。不过，工业物联网可以有效解决这个问题，它可以实现数据的汇总、处理，也可以完成不同设备之间的数据共享。另外，与5G技术的融合可以使其实时性更强、数据的传输速率更快。

（2）提高工厂效率

工业物联网单是凭借智能化的数据管理就可以对工厂的生产效率做出改善，它可以对生产过程中的每一个环节都做到精准把控，进一步增强了信息化、智能化在制造业领域中的存在感。不过，实现这一切的基础是构建一个完整的工业物联网框架，不要使覆盖范围太狭窄，这样只会对某单独环节产生影响。

（3）进行实时监控

过去，工厂之所以需要非常庞大的人力并且要长时间监控，是因为工厂的设备数量一般会非常多。无论是从设备成本还是从整体的工作质量、安全性角度来考虑，这些设备的工作状态都极受重视，如果出现异常情况，相关人员就会第一时间发现，从而避免或减少工厂出现的事故损失。但若只靠人力，难免会出现疏漏，因此就需要工业物联网的加入，这里就要提到传感器起到的作用。

工业物联网传感器的基础功能就是凭借数据采集来进行系统监控，并在出现非正常情况时自主进行数据修复，这些都是传统的传感器无法做到的。智能传感器对于工业的自动化、智能化生产模式都有着突出贡献，可以对设备的参数进行监控、分析，以此来帮助人们了解设备的实时运行情况。

（4）满足客户需求

耗费大量资金生产出来的产品却不受客户喜爱，这是以前工业时代经营者要面对的难题。而在工业物联网的帮助下，经营者一方面可以通过产品生产效率的提升来提高客户的满意度，另一方面可以通过产品数据来为客户开发“量身定制”的产品。

工业物联网的优势诸多，不过核心优势还是在效率与安全两大关键点上，维持设备正常运行、及时检测设备故障、对要素的优化，可以使工厂整体效益更加稳定。不过，工业物联网也面临着一系列挑战（图4-2），比如说能源的消耗程度不好控制，而工业物联网对于低延时的要求又非常严格，一旦延时提高很有可能出现比纯人力生产还要严重的后果。与物联网有关的一系列设备购置也需要耗费资金，小型企业能否负担得起也是一个有待解决的问题。

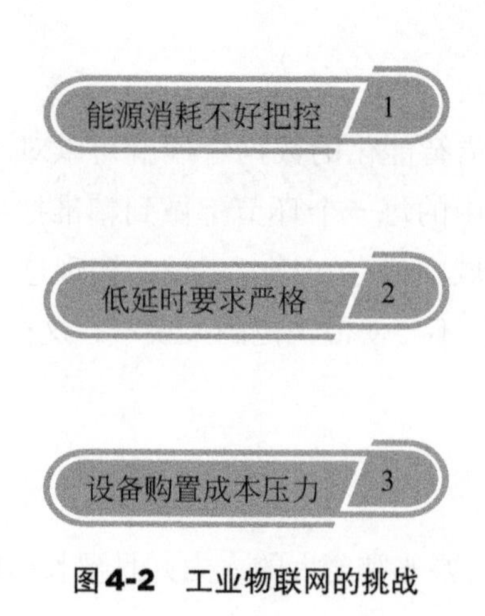

图4-2　工业物联网的挑战

除工业物联网以外，在现代制造业领域同样占据了重要地位的还有云化机器人。在5G的热度还没有现在这么高的时候，云化机器人就已经有了小规模的产出与应用，不过当时的技术水平还没有达到标准，云化机器人的出现更多的还是用于试验与测试。而现在，云化机器人则从一个概念正式开始向实践转变。

在云化机器人与5G结合后，我们可以看到智能机器人在工厂中的地位开始逐渐提升。要知道，工厂中的风险隐患非常多，但由于当时的技术、条件都不到位，人们只能亲自上阵。而当云化机器人进入工厂后，它们就可以代替工人去做一些比较危险的工作，如某些高温作业的任务，从根本上保障了工人们的安全。

另外，工人还会经常与云化机器人配合工作。尽管有些电影、小说中会出现机器人对人类造成威胁的内容，但就当前而言，应用于制造业的机器人在大多数情况下不会对工人产生危害，反倒会根据数据监测情况来帮助工人避免危险，如果双方配合熟练还可以有效提高工作效率。云化机器人的“大脑”中存储着大量数据，随着技术革新，其自主性只会越来越强，但需要依赖于强大的网络系统。

智能时代，工业领域的产线升级是一个必然趋势，机器人在未来也会更多地出现在各类工业领域中。我们或许可以看到一群机器人协同工作或人机联合完成某件任务的场景，在工业物联网与云化机器人的双双覆盖下，工厂会展现出崭新的面貌。

4.2 物流追踪：5G与企业仓储物流结合可碰撞出的火花

5G会对不少垂直行业造成影响，在人们生活中频繁接触的物流行业也同样要接受来自5G的改变。仓储物流的效率无论是对商家还是收货人来说都非常重要，过去如果在特定时间节点进行网购，用户往往要等待较长的时间才能收到货品，而这似乎已经成为买卖双方毫无争议的问题，消费者也默认了漫长的物流配送。但是，在5G开始推行后，我们将会在物流配送的僵局中找到一个突破口。

有一些热爱网购的用户在查看商品评价时，会将商品的配送速度摆在与商品质量相同的重要位置上。特别是双十一、双十二期间购买商品的用户，一般会在购买前就调查好商家过往的物流速度，但即便如此，用户在预计时间内如果没有收到货，也会产生一种“果然如此”的感觉。因此，即便是不懂5G技术的人，只要对方热爱网购，就可以给他一个通俗易懂的解释：5G能缩短商品运输的时间，让你可以更快地拆开包裹。这样说的话，对方就能立刻感受到5G在仓储物流领域的作用了。

而对商家来说，他们更是乐于使用智能化的物流系统，因为这样可以直接提高用户的满意度，从而使商家获取较高的经济效益，还能提升店铺或品牌的口碑。在5G环境下，智能技术对仓储物流原本存在的各方面问题都进行了改善，如图4-3所示。

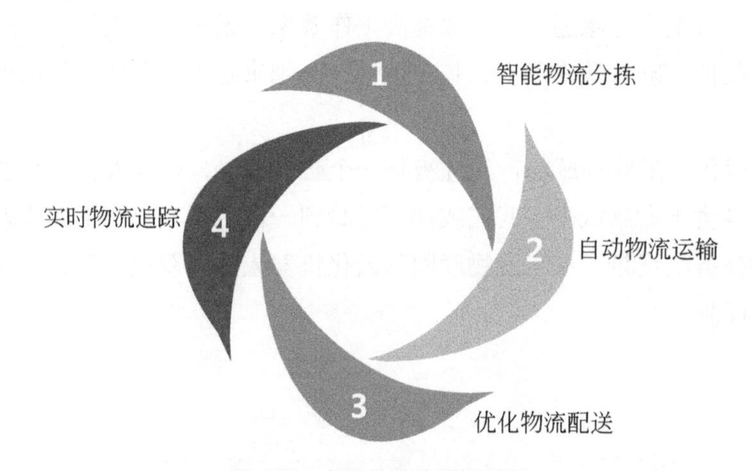

图4-3　仓储物流的升级革新

（1）智能物流分拣

与“暴力分拣”有关的投诉常常会出现在店家的差评列表中，而对于这一点，三方都表示很无奈：没有能力打造自营物流体系的店家很难把控货物在转运过程中的分拣质量问题；作为消费者想要收到完整无损的商品是非常合理的要求，而被控诉的工作人员往往也很无奈，尤其是在双十一、双十二这样的高峰期，工作人员必须加快自己的分拣速度。尽管机械化分拣设备早已存在于物流领域，但这与5G应用后的智能分拣效果差距还是很大的。

就传统的机械化分拣模式而言，尽管自动设备能够分担工作人员的部分压力，但大多数情况下工作人员仍需要耗费大量时间与精力去自行完成货物的分拣，自动设备在过去只能起到简单的辅助作用。而将5G与人工智能结合起来以后，就理想状态而言，工作人员与自动设备的位置会进行互换，即工作人员不再需要全程亲力亲为，具备自主能力的自动分拣机器完全可以代替人力去完成大部分工作。

智能分拣可以根据商品条码等特征去进行识别分类，而5G的数据高传输速率则进一步优化了机器的分拣效率，这要比传统人力模式高上好几倍。此外，智能分拣还有一个优势就是会减少分拣过程中对商品包装及内部造成的伤害，不会出现大力磕碰、摔扔等情况。

（2）自动物流运输

5G与车联网等体系的结合可以对传统的物流运输模式进行革新，主要体现在自动驾驶、远程控制等方面，需要依赖于5G的低时延特征。传统物流运输领域有许多困难因素，比如说导航地图不够完整或导航出现错误、运输路程中出现或遇到意外事故缺乏及时处理的条件等，这些不仅会使货物运输速度减慢，而且不利于保障工作人员与车辆、货物的安全。

但在应用了车联网之后，自动物流运输这一概念就随之形成了，其革新内容包括几大方面，如图4-4所示。

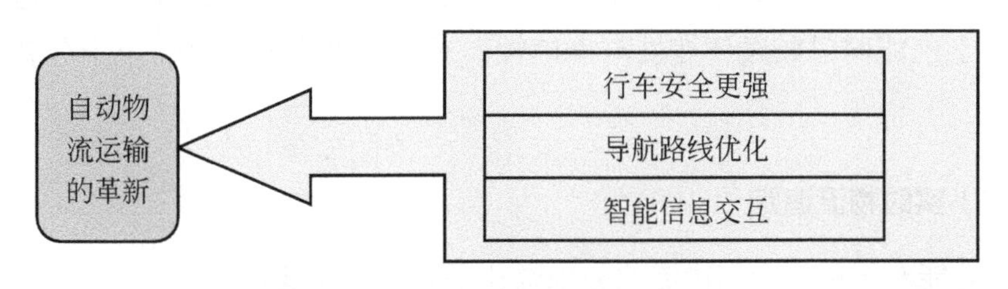

图4-4　自动物流运输的革新

① 行车安全更强　在行车安全这方面，5G、车联网在其中发挥了较大的作用。通过平台的智能监测，如果车辆出现故障，驾驶员就会及时收到提示，这样就避免了在未知情况下驾驶具有安全隐患的车辆这种危险情况的出现。而有些货车司机一旦在持续驾驶缺乏休息的前提下开车，很有可能会由于过度疲

急而出现意外事故，车联网在理想状态下会做到瞬时把控，最大程度降低行车的危险性。

② 导航路线优化　导航对于物流运输来说十分重要，智能优化能够为驾驶员提供最优的路线方案，使其避免出现无意义的绕远、迷路情况。

③ 智能信息交互　5G在终端通信方面的优势很强大，可以实现车和车、车和人之间的智能信息交互，通过高速传输、接收、处理数据等操作来发布相应指令或提示。

（3）优化物流配送

物流运输与配送是两个概念，其相似点仅仅在于都要对货物进行一定距离的运送。运输只是货物到达指定用户手中的必经路径，却不是最终结果，要加上配送才能为这项工作画上句点。物流配送环节在过去主要存在以下几个问题：配送效率低、缺乏组织化管理、信息化程度较低等。这些问题是导致用户购物体验感下降的主要原因。

而智能物流配送不仅在地理导航、条码识别、信息管理系统等方面进行了技术上的改善，而且还利用5G与人工智能的结合推出了一系列智能化机器配送类产品。

比方说京东成立时间只有两年多的智能配送站，其中尽管还需要有工作人员的参与，但其需要做的工作已经少了很多，最重要的货物配送工作全权交与了智能机器人。不要小看这项还未广泛推行的技术，从实施情况来看，京东的这款智能产品效果相当不错，不仅能够识别交通信号，并且在配送路线的设定上也能同时兼顾便捷性与准确性，对收货者来说也是一个十分新奇的体验。

（4）实时物流追踪

该功能对于现代仓储物流业务来说几乎可以放在核心位置上，尽管站在收货人、商家、运输人员等不同角度来看，实时物流追踪对他们的意义各有不同，但其重要性却是显而易见的。

举个例子，过去的物流运输比较“自由”，只能通过电话联络等带有局限性的方式来确认货车运输的大致情况。而在智能时代，人们可以通过智能设备直接查看快递的运输路线、所在地点等物流信息，如果你有耐心的话，甚至可以通过不断刷新来全程监控其行驶情况。实时物流追踪可以使收货人有更大的主动权，智能技术对信息的预测使收货人可以估算出货物送达的时间，从而可以对个人行程进行适当调整。而商家也可以通过查看物流系统来确认货物的运送效率、送达情况。这种全程透明化的跟踪定位还能使货物出现异常情况时尽快明确责任方，以免出现相互推诿的混乱现象。

5G技术与仓储物流的结合其实也是一个机会，这里机会指的是站在企业的角度而言。如果企业的可支配资金比较充足，最好不要吝啬于在该业务领域的投入，毕竟在某些用户心中，即便产品质量再好，如果物流配送效率慢、出错程度高，用户也会毫不手软地给出差评。因此，谁能够抓好对智能物流系统的构建工作，谁就能在竞争中取得更大的优势。

4.3 工业AR：工业AR将造福生产端运营的五大优势

现阶段，很多人对于AR这个概念已经十分熟悉，其中也有一部分人已经通过各种途径体验过了AR技术，如网购服装时的“试穿”、形象生动的AR导航等。人们往往偏向于将AR与娱乐、游戏领域联系起来，因此如果乍一提起AR与工业领域的结合，会使人们产生一种二者毫不相干甚至有些格格不入的感觉。但实际上，工业与AR的搭配其实非常和谐。

在阐述与工业AR有关的知识之前，我们要先明确AR与VR之间的区别——这两个概念常常会被混淆，甚至有人认为它们原本就是同一种技术。尽管二者有相似之处，但它们的确是两种独立的技术，举个简单的例子：你眼前有一扇窗户，AR思维是通过高端技术将虚拟画面投放到现实的窗户中，目标是尽量做到二者的完美融合；而VR思维则是对窗户进行技术上的处理，使其变得更加梦幻、虚拟。总的来说，前者想要让你更贴近现实，而后者则想让你从现实世界进入到只在梦境中存在的想象世界中。

而工业领域正是看中了这种提高现实世界视觉感的技术特点，才会在智能时代致力于加强与AR的融合。想要做好生产制造工作，就必须严谨、科学、专业，一丝一毫的误差都有可能导致最终的结果不如人意。下面，我们就来研究一下AR究竟能够为工业生产提供哪些帮助，如图4-5所示。

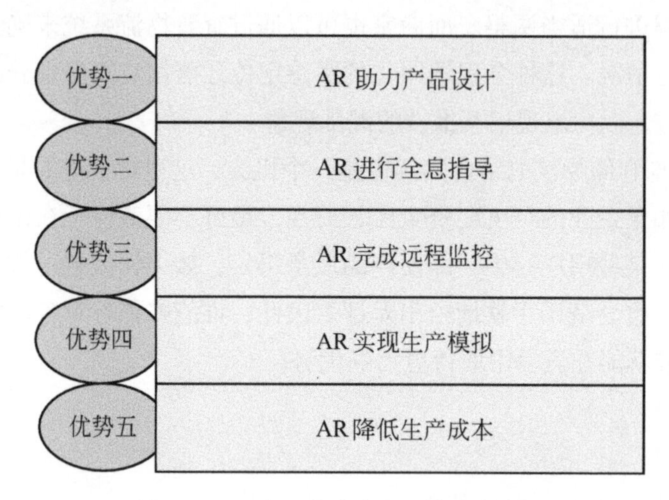

图4-5　AR在工业生产方面的五大优势

（1）AR助力产品设计

产品在正式进入生产加工流程前，需要先绘制出一张完整的产品设计图纸。在AR技术还没有推广之前，设计师更多的只能通过2D形式来进行构思、绘图，这种形式或多或少会产生一定的局限性。就像你用普通纸张画图和用电脑软件与手绘板画图是两种感觉一样，设计师的能力再强，其绘图效果也是与使用的工具的专业性成正相关。

但有了AR技术的助力之后，产品设计图的质量会瞬时拔高一个层次，而且也能够进一步扩大设计师的想象空间，使其设计灵感能够更好地实现。利用AR技术来构建产品的3D模型，设计师可以全面、灵活地对模型进行不同角度的调整，并且能够将其放置到对应场景中，这一点在利用AR技术设计家具的业务领域得到了深刻体现。另外，AR技术可以使设计者对产品的零件尺寸、装配距离等生产细节进行精准调整，这样既能避免生产过程中的返工成本，也能提高产品的整体质量。可以说，AR技术是产品生产革新的一大推动力。

（2）AR进行全息指导

如果你是一名狂热的游戏玩家，那么你一定能体会到这项功能在工业生产方面的优势。当你戴上AR眼镜之后，那种感觉就像刚刚进入游戏的新手一样，游戏会对你进行简洁易懂而又全面的引导，而工业AR只会让这种引导变得更加生动形象。

试想一下，即便你是一个对工业一知半解的新手，但如果在你的视线中，所有按键上面都标有第一步、第二步的序号提示，你是不是会自动跟随按键进行操作？这有点像点触式iPad一样，当你触摸到某个零件或产品的某个构成部分时，你会通过眼镜看到相应的文字注解，如果你的操作有误，你就会看到“操作出错”这样的标红提示。

当然，这只是我们设定的一个场景，工业AR当前在国内的覆盖程度还不够广泛，不过AR的全息指导与该场景差距也不是很大，甚至有可能超越这个场景中的技术应用程度。不过，现阶段如果想要靠AR进行简单的产品处理还是没有问题的，如果要更加智能化一些，还需要依靠5G技术的进步。

（3）AR完成远程监控

在产品生产过程中，无论工作人员的经验有多丰富，都不可能永远不出问题。如果当时所处的场合不算十分紧急，或许工作人员还可以通过电话、视频等形式来寻求帮助，但如果这个问题必须尽快得到解决，那么电话、视频方法可能就无法成为最优法了，这里存在两个困难：第一，联络是否及时，对方能否迅速回应；第二，产品的零件通常非常小巧，这就导致简单的视频或拍照形式很难使对方准确抓住问题出现的原因，一来二去很有可能在耽误时间的同时还无法使产品问题得到彻底的解决。

但如果有了AR技术的参与，这个问题就可以迎刃而解了。华为公司在这方面的研究就很专业，其设计的AR远程监控产品主要具备以下优势：华为的AR配件如眼镜、传感器等性能非常强大，可以通过数据采集、高清画质呈现等方式来为对方尽可能还原问题现场，给对方一种身临其境之感，这样一来就能使故障的修复更加高效；另一方面，如果产品现场的工作人员没有发现问题，但后台检测出了问题，也可以通过AR远程监控平台来迅速向生产现场发出提示、预警。

（4）AR实现生产模拟

AR技术其实可以成为一种3D式教学手段，应用于工业领域也是如此。由于工业的特殊性质，导致这里的工作人员即便拥有丰富的专业知识，如果不亲自实践的话，那些理论就只是一纸空谈。但是，如果为每个人都配置一套实体道具，先不说这些需要耗费多少成本，想必很少有人可以训练一次就能出师，而训练过程中造成的道具损坏也会增加工厂的经济压力。如果有了AR技术的模拟培训呢？

知名汽车品牌宝马就利用了AR对员工进行相应产品的生产模拟，虽然仍旧要为其提供相应的零件，但借助AR技术进行的模拟并不会对零件造成真正的损耗。在其他没有佩戴AR眼镜的人看来，这些人就只是拿着零件在摇摇晃晃，但对实践中的人来说，他们其实正在进行“实操”练习。

（5）AR降低生产成本

在了解了上述几个工业AR优势后，你是否能感受到AR在降低工厂生产成本方面做出的贡献呢？从最初的产品设计开始，AR就在有效把控产品的试错成本，通过减少其返工次数来把控不必要的成本浪费。而在员工培训这方面，工业AR更是提供了巨大的帮助，不仅省去了在人员技术培训方面耗费的时间，而且这种生动的3D指导方式明显比口述或自我探索要强上许多。另外，工业AR还有效降低了产品模型、道具的损耗，能够通过有限的道具培训出较传统模式而言更加优秀的人才。

工业AR这个概念出现在5G商用之前，这期间热度尽管并不算低，但也没有引起人们较大的重视，主要还是因为不具备充分的应用条件。但当5G得到深入研究后，工业AR就将呈现出更惊人的视觉效果。不过这里还要强调一点，即不要过度依赖智能机器，一定要找到自己的位置，并不断提高自己在AR方面的应用能力，这样才能持续提升产品的生产效率。

4.4 柔性生产：满足个性定制需求又降低40%成本的5G柔性生产

从4G到5G的过渡意味着技术在升级革新，而与技术关联性较强的生产制造产业就成了被影响者。当传统的生产模式已经逐渐无法满足目标人群需求的时候，商家如果不想被新时代所淘汰，就一定要对其进行深入的变革，如果只是从表层着手是没有用的。本节就要从这个核心变革点讲起，即价值潜力不断攀升的5G柔性生产模式。

柔性生产同刚性生产是相对的，前者是随着时代进步而衍生出的新模式，而后者则代表了传统的生产模式。“柔”与“刚”相比要显得更灵动、更具改变性，柔性生产的主要作用就是满足某产品目标人群的不同呼声、不同建议，而不是大批量制造由一个模板生成的产品。以智能手机为例，无论是苹果的“玫瑰金”“太空灰”，还是OPPO的“星空紫”“梦境红”，这些都是柔性生产模式的体现，而这只是最基础的改变。

我们其实可以将柔性生产理解为一种私人定制服务，不过具体还是要根据企业情况来规划定制范围，目前只有少部分特殊类型的商品能够完成真正的一对一定制模式。其实这就像吃酒席和吃自助餐的区别一样，前者使每桌客人吃到的菜都是相同的，而后者可以自行去搭配菜色。毫无疑问，当人们的需求开始从固定向多样化转变的时候，企业就必须看到、抓住这个机会，尽可能地让“客人”吃到自己喜欢的菜。我们先来看一看柔性生产具备哪些特点，如图4-6所示。

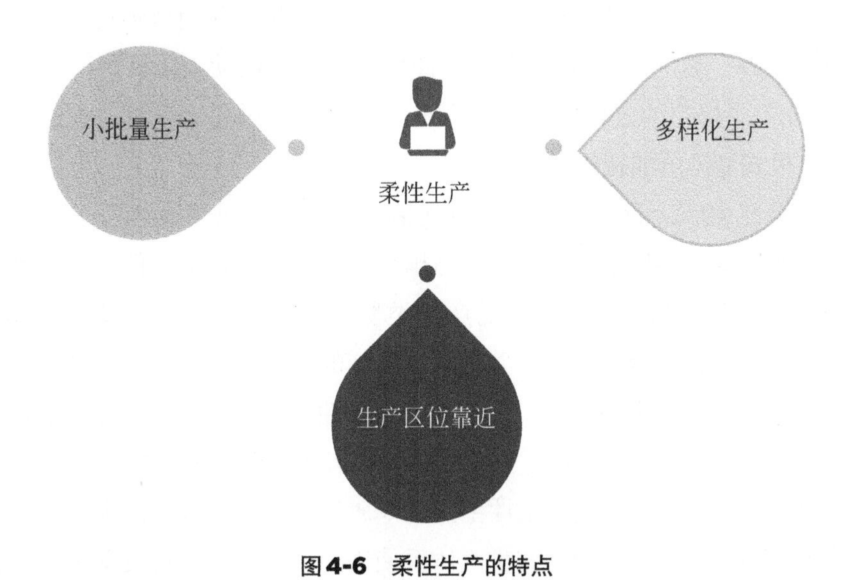

图4-6　柔性生产的特点

（1）小批量生产

柔性生产模式通常都以小批量生产为主，不过每个企业对于小批量生产的定义都是不同的。有些企业以百为单位，有些则以千为单位，具体还要看产品的类型与个性化程度。

（2）多样化生产

多样化生产是柔性生产的重要特征，这也是它与刚性生产之间的显著区别。多样化生产是为了满足用户的个性化需求而做出的必然选择，在5G的推动下将会逐渐走到市场主流的位置。

（3）生产区位靠近

柔性生产相对来说比较灵活，更倾向于随用随补的生产战略，而不是像刚性生产一样将装配厂的零件设备堆得满满的，而这就对生产区位的集中性有所要求。

5G在柔性生产模式中需要发挥其网络切片的功能，分割出多种与用户个性化需求有关的虚拟网络，以此来提高企业在网络架构上的布局质量。而5G与云计算的结合可以帮助企业、工厂更好地接收、处理数据，5G的高网速、低延迟能够使工厂迅速掌握与柔性生产线有关的最新数据，从而做到及时预警、高效防范。另外，被应用了5G技术的柔性生产还需要借助人工智能的力量，即我们在4.1节中提到的云化机器人。简而言之，5G能够将本就具备先进特征的柔性生产模式变得更加智能化。

关于柔性生产，我们还要提到与其相关的另一个重要概念——弹性生产线。要知道，尽管柔性生产是为了打造出具有差异性的产品，但如果按照常理来推断的话，工厂需要根据不同的产品类型去配置对应的生产线。而这样一来，就产生了两大问题：第一，无论所需生产的产品种类是多还是少，额外打造生产线都是一笔不小的开支；第二，有些个性化生产线的使用寿命不长，这样做很有可能使企业造成大量亏损，产品的原有利润也会大打折扣。

因此，弹性生产线就成了柔性生产的专属配置，即通过一条生产线完成个性化生产，而无须将其分散。该生产体系使工厂无须频繁进行设备更换，通过电脑调控即可实现变更处理，这样一来就可以同时兼顾生产成本与个性定制两个要素。在5G的推动下，柔性生产的优势也越来越明显，如图4-7所示。

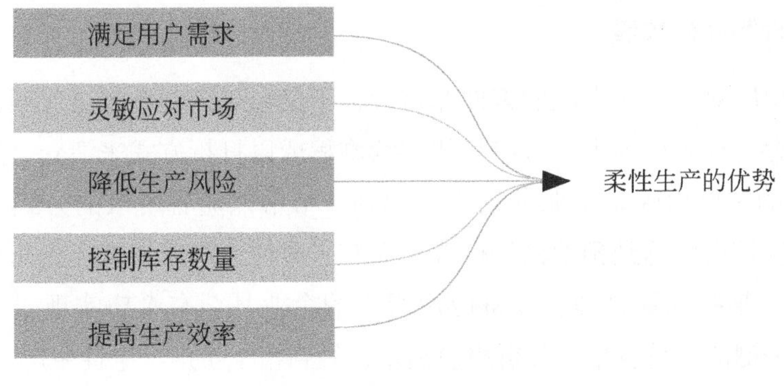

图4-7 柔性生产的优势

（1）满足用户需求

传统的生产模式更注重生产速度、数量，而柔性生产模式则是将用户需求摆在了第一位，换句话说，正是用户需求的个性化特征愈发明显，才催生出了这一新型生产模式。当前，许多智能产品都启动了该模式来获取更多用户，其效果差异主要是由于企业的经济条件、工厂设备的智能程度以及对用户数据的把控能力等。

（2）灵敏应对市场

该优势需要与弹性生产体系结合来看，以往的标准化生产模式局限性较强，很难对市场变化做出迅速反应，而柔性生产则能通过智能方式直接对线上设备进行调整，就好像遥控器点播节目一样，可以在几档节目类型中灵活跳转。当然，这也并不是说柔性生产每次都能完美应对市场风险，但比起刚性生产无疑会更加安全，对企业、对工厂都能提供保障。

（3）降低生产风险

在生产风险这方面，我们需要站在整体角度来看。尽管柔性生产需要对相应的智能化设备进行购置，但就其长远发展来说，在设备上的投入是非常值得的。灵活的生产模式可以更贴合用户需求，在进行产品生产时的规划性更强，是有依据、有需求的生产，会避免超出需求规模的浪费现象。另外，由于弹性生产线能够根据市场变化而进行相应的调节，就能在市场风险真正到来之时迅速给出解决方案，而不至于承担过多的损失。

（4）控制库存数量

库存积压对于企业来说危害性非常大，不仅会对企业资金造成压力，而且会导致库存管理难度加大，最终只能持续堆积或以打折方式来清仓。造成这种不利现象的主要原因是企业缺乏生产规划，常常以随心所欲的方式去进行生产，因此往往很难达到预期销售标准。而有了柔性生产后，库存积压现象就会改善很多，某些规划合理、设备应用得当的企业甚至有希望实现“零库存”。这其中最关键的还是收集、分析用户需求，做到精准生产、个性生产。

（5）提高生产效率

柔性生产与5G、云端、人工智能等高新技术的结合可以使生产效率得到提升，智能化程度越高的工厂越能在生产效率这方面占据优势。不过还是要强调对人员的能力培养这一点，因为如果员工不能熟练操控、维护生产设备，或是无法读懂相应的指令信息，那么即便是再智能的设备也无法充分发挥出它的作用。

根据柔性生产特点与优势，我们也能感受到该模式在5G时代展现出来的强大商业潜力。5G对柔性生产模式进行了优化与升级，而柔性生产也使5G得到了高效利用，这是一种双向的促进。

4.5 智慧工厂：从生产到管理的5G智慧工厂全景展望

不得不说，5G技术在各个行业中的覆盖率完全可以用广泛一词来形容，所有原本只在科幻电影中看到过的画面，有朝一日都有实现的可能。我们在3.5节中介绍了5G背景下的智能家居，而智慧工厂的技术融合程度并不亚于它，你能够想到的每一个工厂模块，几乎都可以与5G技术结合，以智能化的转变形态来迎接新时代。

许多人都有过参观工厂的经历，而食品类工厂在其中占据了较大比例。早期的人力与流水线作业结合模式是主流，到后来人力的作用就开始慢慢被削弱，自动化工厂承担的工作量则逐渐变得繁重。比方说盒饭这种方便类食品，从大米的淘洗、搅拌，到食物的分类装配、打包封装，全过程几乎完全不需要工作人员参与进来，打造出了“无人工厂”这种理想效果。

在智能化刚开始在工厂中应用的测试阶段，员工的关注点仍然集中在生产线上，而不会去过多地依靠科技力量。而在智慧工厂的场景中，员工会将智能设备、云化机器人等当成自己的合作伙伴，会与其合力工作或直接将大部分工作交托给机器，而自己只需留心设备的运行情况即可。智慧工厂是生产制造业一大进步的体现，其优势主要包括以下几个方面，如图4-8所示。

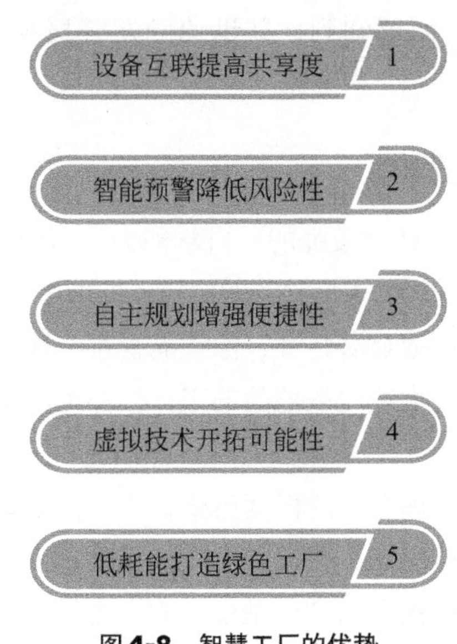

图4-8　智慧工厂的优势

（1）设备互联提高共享度

智慧工厂需要应用物联网技术，且必须杜绝出现信息孤岛的不利情况。信息孤岛主要指的是信息之间的分离现象，如果工厂的信息共享渠道不够畅通，就会增加工厂的管理运营困难。因此，智慧工厂的优势就在于能够加强设备之间、设备与人的关联性，打造出一个具有集成化特征的智能体系。

5G尽管能够使工厂的做工效率提高，但在节省人力的同时也意味着大数据将会转换到重要位置上，所以工厂往往都非常重视设备互联的应用效果。

（2）智能预警降低风险性

工厂有许多种类，主要根据其生产的产品类型来进行划分，其中不乏有许多风险程度较高的，而大型工厂可能遇到的风险事件又比中小型工厂要多。如果生产过程中出现了问题而未被及时发现，就会产生严重的后果。而有了智慧工厂后，经营者及员工就能放心很多了。

首先，智慧工厂对大数据的依赖性极强，每秒钟都会采集到最新数据，并通过边缘计算与云计算结合的智能体系对数据进行高效处理，5G的高速性避免了由于数据延迟接收而无法迅速做出反应的情况。其次，在该体系的支持下，工厂会在预警方面变得更加安全可靠。如果某个环节出现异常情况，系统会立刻通过数据传输而感知到，并迅速触发警报提示或者直接进行自我调控。

（3）自主规划增强便捷性

配置齐全的智慧工厂具备较强的“自学能力”，数据就是云化机器人的知识库，而系统的自主性会驱使它们持续补充新“知识”，以此来应对更多工业情况。机器人是智能工厂的显著特征，像智能管家一样能够处理到方方面面的事情，特别是一些难度较大或比较危险的工作，都可以交由机器人去做，工作人员则负责控制并观察后台数据。

不过，机器人能够发挥作用的程度还要看工厂在设备方面的投入，如果整体设备老旧且厂内通信能力差、数据传输慢，那么云化机器人就只剩下一个看起来比较高级的外壳了。投入与产出是相对的，尤其是对高新技术而言，如果只想着怎么在设备、硬件方面省钱，就本末倒置了。

（4）虚拟技术开拓可能性

工业AR的出现使工厂有了更多的可能性，如果说过去的工厂就是由机械、零件构成的，那么智慧工厂就会为其染上一层更加梦幻的色彩，使冰冷的机械变得生动起来。工业AR会将“生命”赋予每一个加工零件，使工作人员在佩戴了AR眼镜后能够瞬间进入一个熟悉又陌生的世界，说它熟悉是因为AR始终面向现实世界，但说它陌生是因为工作人员会看到许多浮现在零件上的标识，会有一种很强烈的游戏指引界面的感觉。

这种虚拟技术的应用会改善工厂各个环节的做工质量，特别是汽车装配、维修类型的工厂，AR技术能够使新员工完成低成本的反复训练，而具备经验的技术人员也可以通过AR来进一步提升自己的专业能力，与人工培训相比效果要好许多。

（5）低耗能打造绿色工厂

提到工厂，人们经常会很自然地联想到“资源耗费”“环境污染”等关键词，后者主要涵盖了石油、钢铁等工厂。如何提高资源利用率，如何控制工厂对环境的危害，这些问题在过去会被频繁提起，而近几年则随着技术的革新而得到了改善，虽然还未做到彻底解决，但比起传统的工业生产模式无疑是有进步的。

智慧工厂最明显的改变之一是利用数据代替了纸张，纸张的浪费情况明显有所改善，废物的排出量也有所下降。此外，由于5G技术的加持，当某些数据超过安全指标时，工作人员可以及时进行管控，防止工厂出现爆炸、火灾等极其严重的事故。要知道，某些性质特殊的工厂如果出现大型事故会对周边环境造成不可逆转的破坏。

信息化、自动化在智慧工厂这个概念上得到了显著体现。不过，智慧工厂的发展也并不是一直都风平浪静，它也会面临一些挑战。首先，智慧工厂在节省人力的同时也可能会对工业岗位造成影响，有些工作在当前已经完全可以由机器来替代完成，那么工厂就不需要额外耗费成本去雇佣相应人员了。

在传统人力岗位被逐渐淘汰的时候，新一批技术型、知识型岗位的价值也在水涨船高，有多少人能把握住这个机会，我们不得而知。但有一点是很明确的，5G技术一定会使人才市场发生变动。其次，人机交互、人机协作尽管是一种高效作业方法，但一些习惯了传统工业模式的人能否接受、适应这个转变还有待考察。

无论如何，物竞天择，适者生存，我们无法阻止也没有理由阻止技术的革新，就只能尽可能地去提高自己的适应程度了。从长远角度看，智慧工厂对社会这一大环境还是有利的，除了基础的工业效率以外，在工厂安全、节能环保方面，高新技术也做出了较大的贡献。

【案例】

昊志机电引入5G后如何节省700万元成本同时增收3亿元

昊志机电成立于2002年，至今已有十几年的经营历史，且企业目前已经拥有了超过四百余项的专利，其生产的电主轴系列产品在市场中占据了非常高的市场份额，完全能够称得上是一个知名的老牌企业。昊志机电完完整整地经历了从传统工业到智慧工厂的转变，而这次转变无疑是成功的，因为企业在应用了5G后实现了利润的飞速上涨，而品牌名声也越来越响亮，这一结果也证明了企业创始人汤秀清的决策方向是正确的。

昊志机电的主营领域是数控机床，而电主轴类产品则是昊志机电能够走到今天这一步的核心动力，电主轴的内部架构非常复杂，精细化、可靠性是它能够在制造业中发挥作用的关键。

主轴对于机床来说就像人的心脏一样重要，因此尽管国内的数控机床市场比较火热，但在主轴的选择问题上，大多数人还是会抱着比较谨慎的心态。而昊志机电之所以能够在该领域脱颖而出，就是因为其生产的产品质量好、精度高，才会让购买者感到放心，从而实现二次传播与品牌口碑的提升。在没有引入5G之前，昊志机电的发展已经趋于平稳了，而引入5G之后，企业又迎来了一波新的发展高峰。昊志机电是如何应用5G的呢？如图4-9所示。

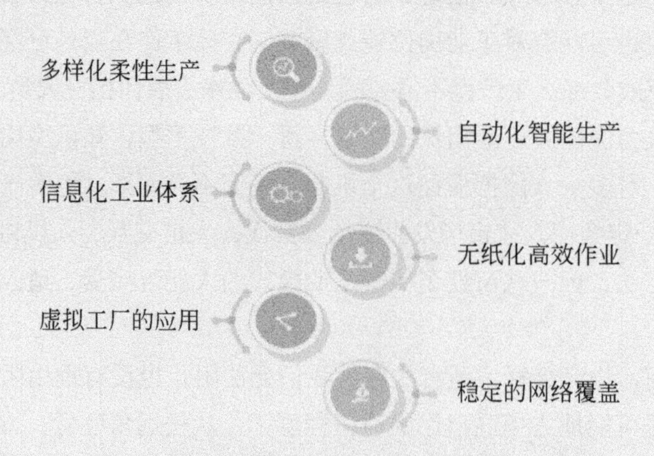

图4-9　昊志机电对5G的应用

（1）多样化柔性生产

昊志机电对于柔性生产体系的重视程度非常高，因为要满足客户的个性化需求，就必须打造出类型多样、种类齐全的产品。目前为止，昊志机电已经研制出了百余款产品，其中主轴在所有产品中所占的比例较高，还搭配有减速器、刀柄等非主营产品。就主轴这一产品类型来说，昊志机电分别推出了超声波主轴、木工电主轴、加工中心主轴等应用于不同制造领域中的产品，而柔性生产线就是实现这一切的基础条件。

百余种产品如果不与柔性生产搭配，那么昊志机电想要打造出这百余种产品，即便最终实现了，也会对企业经营造成严重打击。而灵活多变的柔性生产线构建完毕后，昊志机电的投入就远远低于产出了。

（2）自动化智能生产

昊志机电的经营者始终紧随时代发展的潮流，对人工智能、工业机器人的应用也走在第一线。如果到昊志机电的工厂中参观，会发现工厂基本上已经实现高智能技术覆盖的无人模式了。自动化能力较强的工厂，比起传统工厂来说要更加井然有序，少了工厂人员的拥挤，只有循环往复的自动生产流程。在昊志机电的工厂中，会看到一款名为AGV的智能小车，其优点包括如下几项。

① 功耗低　工厂的工作时间很长，因此在引入了AGV智能小车之后，与普通工人相比优势就出现了。功耗低、做工时间长、充电速度快，这些都是AGV小车所具备的优点。昊志机电的工厂所拥有的AGV小车数量较多，在理想状态下可以实现全天不间断地智能工作，这无疑对工厂效率有巨大帮助。

② 体型小　无论工厂的布局是怎样的，大多数人还是希望智能设备所占面积越小越好，尤其是对AGV小车这类主要作用是灵活移动运输物品的机器来说，较小的体型是顺利完成运输工作的必要条件，否则容易出现被卡在某个位置或影响到其他设备的情况。

③ 导航性较强　AGV小车并不是我们小时候玩的遥控车，不能

任其随意行驶，而是要通过各种方式为其铺设预期路径，这时候其自身的导航功能也就发挥了作用。

（3）信息化工业体系

对智慧工厂来说，智能化设备的配置很重要，但对信息化系统的构建也同样重要。昊志机电主要采取的系统是MES（制造执行系统），其功能十分全面，作用于工业领域可以发挥的作用包括以下内容，如图4-10所示。

图4-10　MES在工业领域的主要作用

① 处理订单　一个大型工厂每天都要接到大量新订单，如果单靠人工处理的话不仅效率会比较低，且容易在处理过程中出错。而MES系统能够帮助工厂高效处理订单，包括接收订单、筛选订单、分配订单等，可以避免订单出现堆积情况。

② 分配任务　MES系统的智能化程度体现在其处理订单的过程中还会生成对应的生产任务，并自动将任务分配给相应的设备、系统，在一定程度上避免了人工分配造成的混乱。

③ 数据管理　在数据管理方面，5G技术的应用起到了主要作用。高质量的数据管理需要使数据之间保持互通，而数据采集后的一系列工作也需要借助5G的低时延功能，如数据监控、结果反馈等。

（4）无纸化高效作业

昊志机电从有形纸张到无纸化图像的转化方面做得很好，早早就开始了以作业形式转化为目标的准备工作。据其工厂的主要负责人介绍，昊志机电现阶段已经完全实现了无纸化生产模式，无论是生产过程中的步骤内容、细节情况，还是对作业图纸的设计，已经全部转移到智能系统中进行。这种转化不仅使工厂更贴近绿色生产模式，并且在信息保密性方面也更具保障，而且比起容易丢失、损毁的纸张，存储于系统中无疑会更加方便、安全。

（5）虚拟工厂的应用

昊志机电同样采取了先进的工业AR技术，在这一点上，需要与其工厂的人员配置相结合来看。一些普通的工厂应用AR是为了减少对新人的培训成本，而昊志机电则更偏向于提高专业人员的个人能力，如利用AR来创造更多具备竞争力的产品。另一方面，其还非常重视通过AR来对工厂进行监控，5G能够帮助监控人员看到更加清晰的画面，并通过高网速及时进行情况的反馈。

（6）稳定的网络覆盖

工厂如果想要维持稳定的运作、高效的信息传递，就必须保证信号的质量与覆盖范围。如果信号中断，很容易使工厂出现不同程度的事故。为了避免这种危险情况，昊志机电利用5G技术实现了高覆盖、高稳定性的工厂信号效果，从根本上保证了工厂的作业安全，也减少了由于不稳定的信号而带来的不必要损失。

总的来说，昊志机电在当前已经集智能化、信息化于一体，无论是数据处理还是零件运输、远程监控，都能与5G技术结合达到最优效果。尽管昊志机电的工厂在智能设备的配置与应用上已经比较成熟，但其经营者并没有因此而放慢脚步，反而致力于在柔性生产方面加大投入力度，目的是为了迎合客户的需求，打造出更多高质量的产品。

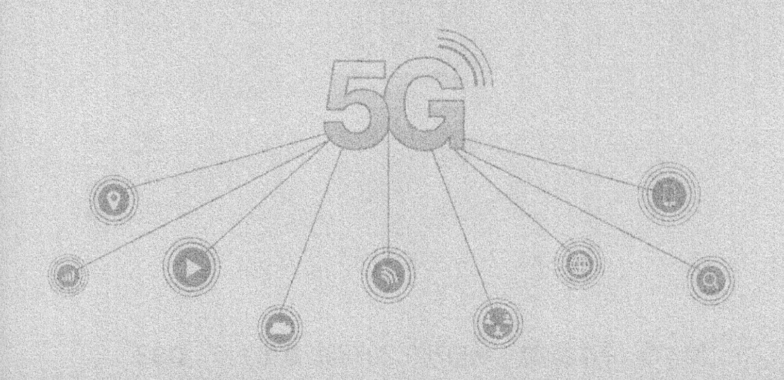

第5章

智慧交通：从自动驾驶到智能出行

每个人都要外出，无论是上班、旅行还是探访好友，都需要有一个畅通有序的交通环境。在5G时代到来之前，大多数人都已经习惯了长时间的堵车，而智慧交通的出现打破了这一局面，使人们的出行环境变得焕然一新。智慧交通主要应用了车联网技术，而一系列新型设备，如自动驾驶车辆、智能收费站等，也优化了人们的出行体验，随着5G与各类新兴技术的深入结合，人与车之间的联系性、互动性会越来越强。

5.1 自动驾驶：自动驾驶当前难题与5G环境下的破局之道

自从互联网造车热潮兴起之后，关于自动驾驶、无人车的话题便从未间断，随着5G的到来，自动驾驶技术显然又会上一个新台阶。

（1）自动驾驶等级

在讨论5G将对自动驾驶技术有哪些提升作用之前，首先我们有必要对自动驾驶有一个全局性的认识。根据行业通行准则，目前自动驾驶技术水平被分为以下6个等级。

- 等级0：人工驾驶过程中的辅助提醒；
- 等级1：人工驾驶辅助系统，如较简单的、单一车速下的自动巡航功能；
- 等级2：部分自动驾驶，指驾驶员保持监控状态下的车辆自动化控制；
- 等级3：有条件的自动驾驶，驾驶员可以放开双手但注意力不能完全从驾驶状态中移出；
- 等级4：高级自动驾驶，解放驾驶员的双手与双眼，只需在一些特定情况下进行人工操控；
- 等级5：全自动驾驶，完全智能化、自动化，人只需坐在其中享受便捷即可。

（2）自动驾驶原理

从以上6个等级的划分标准中我们可以看出，是否占用驾驶员的注意力是划分的重要标准，越高等级的自动驾驶便越是会通过元器件感应与数据处理来替代驾驶员工作。如此一来，我们也就不再难理解自动驾驶技术的三大核心为传感器、数据融合及智能安全决策了，如图5-1所示。

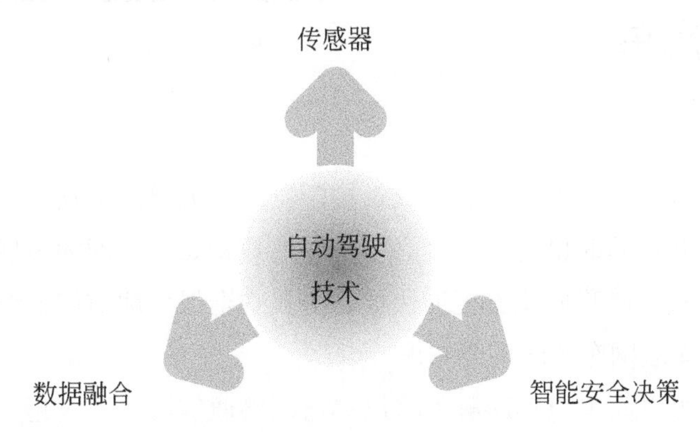

图5-1　自动驾驶技术三大核心

其中，传感器部分用于监测车辆状况与实时路面交通状况，摄像头、激光雷达是其中最重要的组成部分；数据融合部分是将众多传感器获得的信息数据进行智能化合成，实现来自不同方位间数据的互补与合作；智能安全决策是根据融合后的数据对车辆做出百分百安全的决策，保证不会出现交通事故。

看起来，自动驾驶的逻辑流程也没有那么复杂，但实施起来可就难了，因为只有在电光火石的一瞬间完成上述流程才能保证高速行驶中的汽车不出现交通事故，加之实际驾驶环境永远要比实验室环境复杂得多，如何应对强对流天气对感应器件的影响，如何提升数据融合处理速度等，都是非常棘手的问题。

目前我们也可以看到一些前端公司推出的自动驾驶车辆，但往往均只能完成一些简单路况的自动驾驶，且体型笨重像辆坦克。这很大程度上是因为在当前的4G网络环境下，无法做到短时间内将器件感应后的数据上传到云端再传回汽车做出相应反应，只能将全部处理器件均堆叠在汽车之上，既低效，又大大增加了造价，十分不划算。

具有高传输速率、低时延等特性的5G就完全不同了，大部分数据处理工作均可放在5G云端或边缘计算端完成，极短时间内便可完成数据决策，汽车端只需进行车况采集及决策施行即可，且因为5G加持，自动驾驶汽车的摄像头及雷达部件性能也将得到极大提升，真正做到百分百的安全自动驾驶。

5.2 车联网：被视为下一代移动智能设备的互联网汽车

从车联网这个定义中，我们可以直接定位两个关键点：互联互通性以及信息网络——这两点同时也是车联网必不可缺的要素。车联网的出现改变了我们的交通出行方式，使我们能够更加快捷、更具安全保障地前往各个地方。本节会详细展开与车联网有关的重要知识。

车联网，可以简单将其理解为将汽车与网络通信技术连接起来，使汽车能够被网络覆盖、驱动。在5G时代下，所乘坐或驾驶的将不再是一辆普通的汽车，而是与网络紧紧联结在一起、相互融合的智能型汽车。不过，由于我国在车联网方面的起步比较晚，所以尽管现阶段国内的车联网发展速度较快，但覆盖的广度、深度还不够，需要借助5G这个机会去寻找更大的突破口。

信息通信网络本身就具有复杂属性，而当其与十分注重安全性、稳定性的汽车结合到一起时，就意味着车联网在系统构成上必须面面俱到，这样才能使人们放心应用车联网技术。其具体构成内容如图5-2所示。

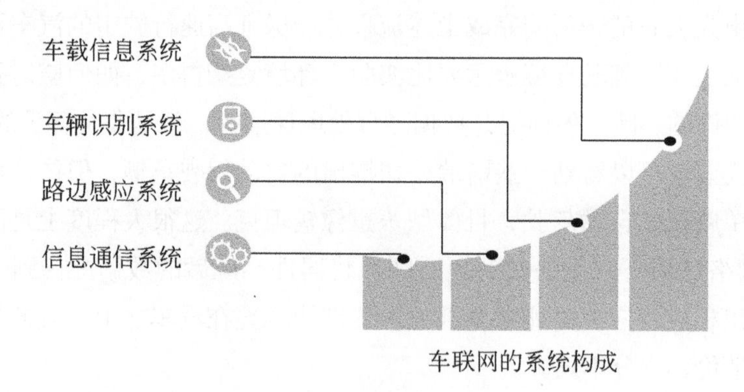

图5-2 车联网的系统构成

（1）车载信息系统

该系统能够使驾驶员感受到多功能智能服务体系带来的强大作用，比方说导航地图、天气播报这些能够对外界做出反应的功能。而对内部来说，车载信息系统也能提供令人安心的支撑，比方说对驾驶员来说最重要的实时位置、行驶速度等，只有掌握了这些信息，驾驶员才能在行驶时得到更多的安全保障。另外，车载信息系统必须与传感器搭配才能发挥作用，传感器就像该系统的启动按钮一样，只有按下去才能享受到系统给予的智能服务。

（2）车辆识别系统

车联网的主人公并不仅仅是车辆，还涵盖了其他诸多要素，网络通信所关注的并不是某单一车辆，而是车辆与内外部环境的交互性。车牌是车辆的重要特征，也是车辆被外部设备感应、识别到的重要条件，否则车辆将无法在外部环境中完成正常活动，如停车、进出某小区等。

（3）路边感应系统

路边感应系统的主要作用是帮助驾驶员寻找最优行驶路线，通过对数据的感应、采集来尽可能避免车辆行驶到交通拥挤的路段中。在没有智能技术协助的时代，前方的道路情况对于人们来说从来都是未知的，这就导致由于无法准确、及时地判断交通情况而出现更严重的堵塞或事故。但在有了路边感应系统之后，这一切就会得到有效的缓解。

（4）信息通信系统

像我们在上述提到的这几种系统，其正常运作过程都会产生不同类型的数据。数据接收、传输、转化，这一系列操作对于智能汽车来说十分关键，毕竟对智能系统来说，如果数据量不够多或无法对数据进行有效处理，那么车联网便也失去了被人们应用的价值。

这四类系统是车联网的主要构成部分，它们单独存在却又相互联系，每种系统既要做好自身的本职工作，也要频繁与其他系统交互协作。比方说路边感应系统在接收到路面信息后，需要借助信息通信系统才能使驾驶员及时收到提示，再对行驶路线进行相应调整，这就是数据互通的优势。除四大系统以外，如果我们继续深入挖掘，还可以对车联网的结构体系进行分析，如图5-3所示。

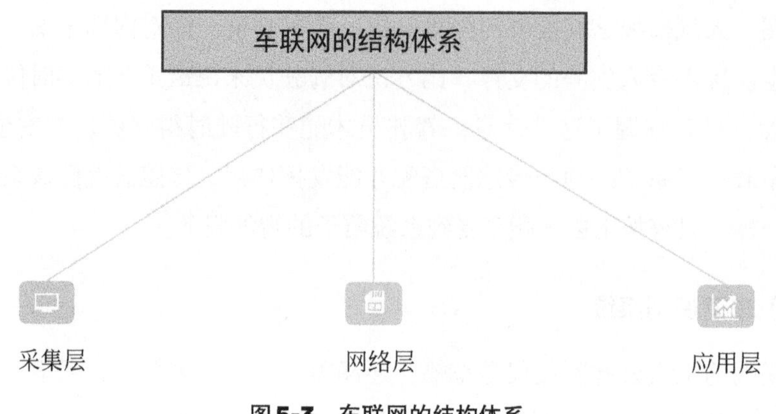

图5-3　车联网的结构体系

（1）采集层

如果我们将车联网的三层结构以数据为依据进行排序的话，那么采集层应该在基层位置，主要起到的作用顾名思义即对数据的采集。别看采集层处于结构体系中的低级位置，但如果没有采集层，那么其他两个中高层结构根本无法发挥作用，或者说，是采集层的出现才为二者赋予了存在的意义。采集层不仅会收集较多的数据，并且会对其进行基础处理，比较常见的数据采集方向有车内温度、车辆速度、底盘情况等。

（2）网络层

网络层处于结构体系的中间位置，起衔接作用，像中转站一样能够对采集层传输的数据进行高效管理。网络层的主要工作流程为数据的接收、分类、分析、输出，每个步骤都非常重要。另外，网络层对于数据输入、输出的网速与延迟要求十分严格，因为有时候就是那几毫秒的差距，就有可能导致一场交通事故的发生。云计算在网络层中发挥了重要作用，就像做数学题时采用的公式一样，能够加快数据处理的速度与准确度。

（3）应用层

应用层处于最高层的位置，如果我们将采集层比作食材，将网络层比作调料，那么应用层就是最终的烹饪步骤，需要在食材与调料准备齐全、完美结合的基础上使其正式转变为可食用的菜品。理论需要应用到实践中，而应用层所起的作用就是将信息反馈给驾驶员，或者说将信息以智能服务的形式提供给对应人员。比方说我们在车内听到的导航信息、超速提示，这就是应用层基础功能的体现。

从车联网的系统构成、结构体系上，我们可以感受到车辆与智能化信息技术结合后能够带给人们的诸多便利之处。尽管国内现阶段还无法将车联网的高级应用即无人驾驶开发到成熟形态，但基础的智能服务可以说已经达到了高覆盖率的水平，大多数人应该都熟悉、习惯了智能导航等功能，并且已经对其产生了深深的依赖和信任。

有了车联网之后，人们在驾驶汽车时少了许多顾虑，可以集中精神，将注意力放在驾驶这件事上，而不需要再分心思考前方的交通是否拥挤、走哪条路才能更快地到达目的地等。车联网的优势不仅体现在某一车辆便利出行这样的小范围内容中，对整体交通环境、生态环境都有所改善，或许从一辆车上我们还看不出什么变化，但如果越来越多的车辆都应用了车联网系统，那么这一变化将会是显著的。

俗话说“由俭入奢易，由奢入俭难”。在人们已经习惯于智能系统所提供的可靠服务以后，他们就只能接受车联网的进一步革新，而无法接受过去那种完全靠常识、经验来自行判断交通情况的生活了。车联网在4G时代下已经显示出了良好的发展势头，而5G技术必将对其进行更加有力的推动。尤其是在无人驾驶这一智能领域中，我国目前正在加大力度对其进行研究与测试，而这一技术一旦成熟，必将使人们享受到更加优质的出行体验。

5.3 智慧交通：从停车到目的地服务的全线5G智慧化

在上节中，我们介绍了与车联网有关的基础内容。而在本节，我们会对车联网进行更深入的讲解，即将重点转向我们的现实生活中，来更全面、更清晰地看一看现阶段我国的智慧交通内容。可以说，智慧交通已经成为社会进步的显著标志之一。

在智慧交通正式普及之前，人们更常听到的概念是“智能交通”。不过，很少有人会注意到这二者之间的区别，直到现在也有很多人完全没有意识到与自己息息相关的交通模式已经由智能转向了智慧方向。事实上，这两个概念就像功耗与能耗一样，尽管在各个方面看起来都很相似，但实际上还是有区别的。智慧交通能够对人们的出行情况进行有效改善，主要是因为其网络的自主能力有所调整。

智能交通的主要侧重点是对信息的转化，而智慧交通对信息的利用则更加深入、全面，更注重数据的传输能力与利用数据为人们解决问题的能力。这就相当于学龄前儿童与青少年的区别一样，不同年龄阶段的大脑思考程度肯定存在差异，被赋予了更高级智慧的大脑显然能够帮助人们分担更多工作，自主性是智慧交通的独有特点。

2019年，于江苏举行的世界物博会引起了较多人的关注，而车联网的火爆程度在许多人的意料之外，无论是车联网的展示区还是体验区几乎都挤满了参观者。在这里，将5G与车联网相结合的自动驾驶车辆俨然成了热门体验项目。在过去无法想象的驾驶形式逐渐被搬到了现实场景中，人们只需要按几个按钮，就可以全程享受车辆的自动行驶等功能。

也许用不了多久，我们就可以体验到这样的智慧交通场景：人们不用再握紧方向盘，可以将目光转向窗外的风景中，可以更轻松地与他人在车内进行交流，而车辆完全可以根据网络平台与数据分析来自行驾驶。当然，想要真正将这一场景变成现实并不容易，不过就5G的潜力来看，我们完全可以对其持有期待的态度。说完了对智慧交通的未来展望，我们下面再来看一看智慧交通的应用现状，具体包括如下几个方面的内容，如图5-4所示。

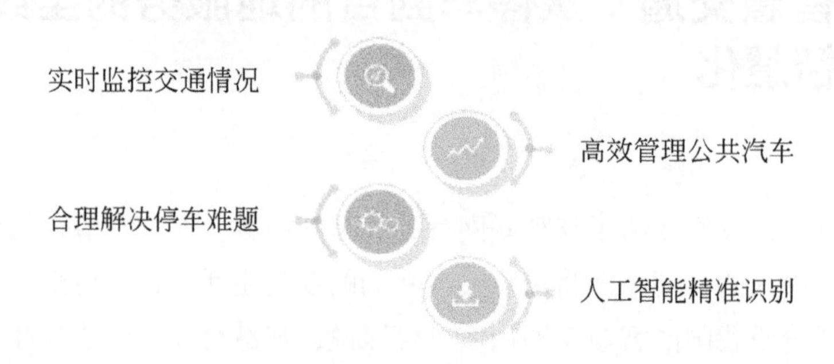

图5-4　智慧交通在当前的应用领域

（1）实时监控交通情况

交通的实时情况非常考验网速，5G能够在这方面提供较大的支持。就实时监控交通情况这方面来说，我们可以分别从两个角度进行分析：车辆驾驶员与交通管理者。就前者而言，无论驾驶员是因私事出行还是因职业工作，及时了解交通情况对其来说都非常重要。

如果是与职业无关的出行，驾驶员可以更自由地根据接收到的路况信息来变更路线或时间计划；如果车辆上载着乘客，那么驾驶员就能够更快地将乘客送往目的地，而无需由于堵车在路上耽误太久，车联网的应用使驾车业务工作者可以收到更多来自乘客的好评。

而对于交通管理者来说，智慧交通大大减少了他们的工作负担。他们无需再经常以大面积巡逻的形式去视察是否有需要处理的交通事故，而是可以通过网络平台完成实时监控，一旦在屏幕中看到异常标注或收到系统的警报提示，就可以立刻派出最近的人手去进行事故处理。比起传统的管理模式，智慧交通既能分担交通管理者的工作量，又能使其可以更快地发现事故情况，相比过去效率提高的程度可不是一星半点。

（2）高效管理公共汽车

驾驶公交车可不像驾驶私家车那样随心所欲，不能出现公交车司机在正常情况下改变行驶路线或无故拖延时间等情况。因此，公交车司机对于实时信息的依赖要比私家车更重，毕竟其所载乘客的数量是私家车的好多倍。另外，总站必须充分掌握每一辆公交车的行驶情况，总站在调整发车间隔时必须具备合理依据，而这个依据就是智能系统所提供的。这里就要提到一个传统职务——公交车调度员。

在智慧交通还未普及的时代，公交车调度员的工作难度要比现在大很多，因为那时候通信技术、数据互联还不够成熟，调度员不能准确、迅速地掌握每个站点、每辆车的信息。但在现阶段，调度员可以根据智能调度系统去高效管理公共汽车，不仅能够通过公交车定位来捕捉其行驶情况，还能统计出大致的上、下车乘客数量，这也是影响公交车调度效果的因素之一。最重要的是，该系统还可以有效接收来自司机的“求救”——当车辆中出现一些司机无法解决的严重事情时，就可以迅速发出警报，调度中心也能立刻根据警报信息做出反应。

（3）合理解决停车难题

当年有一款游戏“抢车位”可谓风靡一时，别看这只是一款小型网页游戏，但其涵盖的游戏内容却十分贴近现实，从停车、贴条到罚款一样都不少，让有车没车的玩家都感受到了停车的艰难。

事实上，如果没有智慧交通的出现，我们的停车环境的确称不上良好，乱停车、找不到停车位等情况令居民与车主都感到十分苦恼。而当前，车主可以利用各类App如百度地图或专门的停车软件来寻找最适宜的停车点，且缴费方式也变得更加灵活。无人模式下的车牌识别支付功能、App直接缴费等付费形式使停车变得更加便捷，车主不必再毫无方向地寻找停车位，也减少了社会中违章停车的不良情况，有利于对整体城市环境进行改善，使其更加有序化。

（4）人工智能精准识别

5G+AI的模式具备非常高的应用价值，特别是在交通管制、识别追踪这方面，人工智能可以辅助管理人员做出更加精准的判断，比如车牌真伪性的鉴别。要知道，传统的监控形式只能拍摄到车辆的基本情况，5G+AI却可以实现多维度的深入分析，就像对车辆照了X光一样，使车辆的信息可以尽可能“透明”。人工智能的应用可以更快地识别出某些违规车辆，用于分析某些交通案件时也可以起到助理一样的作用，能够提高相关部门的办事效率且可以降低违规车辆造成的风险。

智慧交通的受益者并不是某一个单独群体，而是社会中的大部分人。无论你是驾驶员还是普通乘客、是行人还是交通管理者，都可以体验到智慧交通带来的便利性与安全性，道路畅通无阻、交通事故处理迅速、停车环境得到优化，这些都是智慧交通能够为我们带来的好处。

5.4 告别拥堵：人、车、路融为一体的5G智能出行场景

有多少人曾深受交通拥挤的困扰，特别是节假日期间选择出行的人们，有很多人会在中途后悔，但在这时候即便想掉头回去也是不可能的。作为普通

人，他们可能无法理解5G具体能够在哪些环节发挥作用，能够与哪些技术相结合，但5G为人们的日常出行做出的积极贡献，他们却能清晰感受到。毕竟，在5G慢慢融入出行场景之后，已经很少有人会被交通情况影响心情了。

在过去，每逢节假日，你的朋友圈都会经历一波来自出行友人的刷屏。像“堵车堵到绝望”“我可以在车上睡一觉”等内容层出不穷，某些短视频也通过各种形式展现了人们对于交通拥堵的无奈，比方说大妈们下车跳广场舞这一视频在网络中曾经大规模传播，而人们在笑过之后也都有一种无奈的共鸣感。

我们可以总结一下过去交通拥堵的主要原因：第一，信息化覆盖率低下，网络延迟长，数据处理速度慢，间接导致人们无法准确预知出行情况，驾驶员无法确定最优行驶路线；第二，过去能够使用的出行工具类型较少，人们没有那么多的出行选项，因此会对出行造成一定的限制。而当前，5G既能改善第一种情况，也能丰富第二种情况。就后者而言，共享车辆的出现明显改善了人们的出行现状，而自动驾驶车辆的研发无疑能够使人们的出行更加便利。

自动驾驶车辆于2017年开始显露出苗头，而在5G的支持下，该技术的研发速度也在逐渐加快，有些知名企业在自动驾驶车辆方面的研究已经初具规模，比方说百度。百度的研究时间比较早，于2014年就已经提出了研发计划，而转年就实现了对车辆的初步测试，成功完成了一段较长距离的自动驾驶。

如果自动驾驶技术在未来真的可以实现，我们的生活或许会发生有趣的变化，比方说从比驾驶技术到比自家汽车的自动驾驶程度，人们的关注点会开始发生转变。除此之外，5G时代还有各种智能工具可以辅助我们开启一段高效、顺利的旅程，比方说智能地图。

当人们想要去一个并不十分熟悉的目的地时，就必须借助地图导航来实现。智能地图的基础功能就是为人们提供正确的方位，而当其受到了5G的影响后，其功能就会变得更加多样化、灵活化，如图5-5所示。

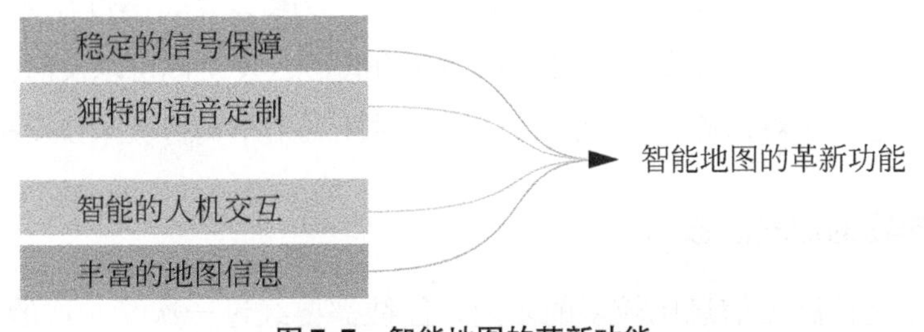

图5-5　智能地图的革新功能

（1）稳定的信号保障

传统的智能地图在某些封闭、荒僻的地点信号会变得特别差，而这种不稳定的信号无疑会增加出行者在路程中的困难。而有了5G之后，我们不能说5G可以百分百保证出行者在使用地图时的信号稳定性，但至少在使用范围上有了突破性进展，某些原本会导致网络卡顿或信号消失的地方基本上不会再出现这种问题。此外，某些大型企业研制出的智能地图类产品还可以在没有网络覆盖的状态下使用，可以使出行者在外出时彻底塌实下心来。

（2）独特的语音定制

有许多人应该都听过明星录制的导航语音，用户应用率比较高的声音包括岳云鹏、林志玲等。在大多数人都习惯了聆听来自明星的语音导航后，如果有一天有人跟你说，你可以将自己的声音做成语音包的形式，你是不是会觉得很心动呢？现阶段，许多智能地图App都上线了语音定制功能，即用户可以通过系统引导来进行语音定制，是一种趣味性比较强、比较能令用户产生熟悉感的智能玩法，需要用到机器学习技术。

（3）智能的人机交互

智能地图的革新解放了人们的双手，语音交互形式的出现打破了只能通过手指操控地图的局限性，特别是在单人出行的场景中，该功能可以进一步保障驾驶员的行车安全。此外，不要以为你只能通过语音询问“怎么前往目的地”“前方路况如何”这种基础问题，智能地图在革新后拥有了更加庞大而智能的知识库。

用户可以通过语音交流来了解沿途有哪些地方可以加油，或者在出发前语音询问今日是否限号、某段路是否配备了监控摄像头等。不过在大多数情况下，智能地图会主动向你发出相关提示，5G的低延迟会使你可以及时接收信息，从而采取一定的应对措施。要知道，这种即时性对于车辆行驶来说至关重要。

（4）丰富的地图信息

像地图这种涵盖信息比较多的东西，往往需要经过一次又一次的更新来扩大信息量，而人们通过地图能够获取的信息也从居民楼、超市、医院等大型建筑物的基础上逐渐变得丰富，某些并不起眼的小型商铺也随着更新而汇总到了地图中。另外，由于现实生活中经常会出现拆迁、商铺位置转移等情况，因此智能地图也需要通过5G进行更加准确的定位，至少要保证地图最基础的功能——导航精准性。

智能地图是人们如今出行时的必备工具，该类产品在市场中的竞争也很激烈，总体来说其商业价值还是很高的。这就是5G环境下智能出行对于市场结构的影响，而对垂直行业来说，与人们出行密切相关的无疑是旅游业。那么，智能出行对旅游业又造成了哪些影响呢？如图5-6所示。

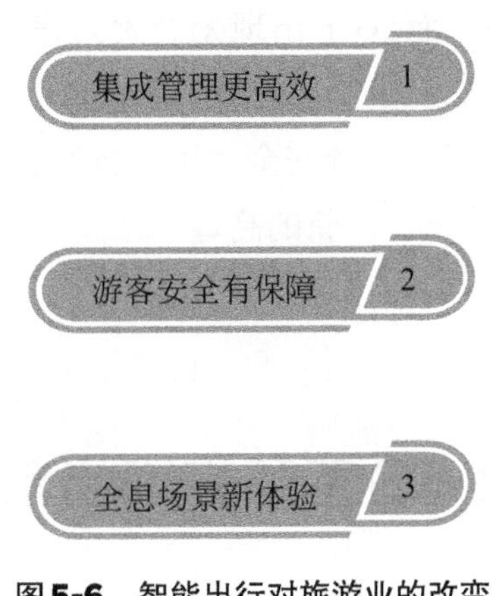

图5-6 智能出行对旅游业的改变

（1）集成管理更高效

过去的跟团游模式常常会让游客感到十分混乱，车辆与游客的数量匹配不到位、运送不及时、路线有危险等情况是游客产生抱怨情绪的主要原因。而在智能出行的整改下，跟团游在车辆管理上变得正规、高效，对每一辆车都进行了精准定位，并通过调度平台去获悉不同的出行情况，使游客能够将更多的时间放在景区的参观、游玩上，而不会将行程耗费在等车、堵车的场景中。

（2）游客安全有保障

对旅游公司来说，游客安全往往要摆在重中之重的位置上，而对游客来说也是如此，旅行只是用来休闲放松的，而不是将自己的生命安全放在“悬崖边缘”。为了使游客放心，也为了使公司口碑变得更好，许多公司都会借助物联网技术来进行外部环境的实时监测。如果出现恶劣天气预警，当天的行程就会发生改变，而对游客个人的定位也使游客一旦出现危险情况，导游及团队可以立刻找到对方的方位。

（3）全息场景新体验

在旅行过程中，美景往往是游客最关注的。而当它与AR、VR等高新技术结合后，就可以使游客拥有更加优质的视觉体验，让游客既能享受到现实世界的美景，也能借助全息技术体验到更新奇的旅行场景。

其实，许多人并非不喜欢旅行、出游，只是由于不想被拥堵的路况所影响才限制了自己的出行范围。而5G的出现无疑大大缓解了这群人在出行方面的顾虑，更不用说那些本就喜爱旅游、外出的人，5G在优化了其出行体验感的同时，还更有力地保障了他们的出行安全。可以推测，在5G时代全面到来的时候，国内的旅游业一定会迎来一波新的高峰。

5.5 面临挑战：5G智慧交通当前亟待解决的三大发展挑战

尽管智慧交通能够缓解人们在交通、出行方面的困难，目前也在此基础上研发出了许多新的应用，但不可否认的是，智慧交通如果想要真正实现理想状态下的场景，还需要走很长的一段路。5G时代，智慧交通的发展速度会变得更快，但其面临的发展挑战也将越来越严峻，将成为不容人们回避、必须去正视的问题。

智慧交通的基础作用是对当前的交通环境做出改善，但在此之前，不要忘记安全才是智慧交通应该放在首位的内容。就拿5G技术应用下的自动驾驶车辆来说，尽管其在某些大型展览的体验模块中热度很高且人们也愿意亲自去尝试，但如果要将该车辆放到现实场景中，又有多少人能够接受呢？

一部分人抱着不敢亲自驾驶的心态，另一部分人则由于自动驾驶车辆与正常车辆将会在路面上共行而产生了抵触心理。其实这两部分人在思想或心理上的共通点都是对安全的担忧，而这仅仅只是5G智慧交通背景下某一技术型产物带来的挑战。如果从长远角度来看，5G智慧交通面临的棘手问题将会更多，其解决难度也更大，具体内容如图5-7所示。

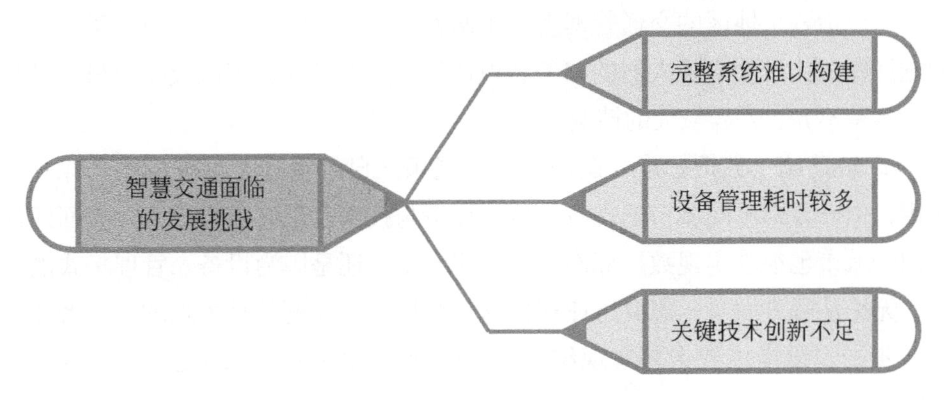

图5-7　5G智慧交通面临的发展挑战

（1）完整系统难以构建

智慧交通讲求的是集成性，即对各个系统、各类数据等内容的集中管控。信息孤岛现象如果出现在智慧交通体系中，将会为其带来很严重的后果，但就目前形势来看，国内在交通信息融合、数据共享等方面还留有很大的改善空间。

对大数据的处理应该是智慧交通的关键，打个比方，单独照料好一棵树、一丛草并没有什么用，因为它们所处的环境是整片森林。只有将这些花花草草与森林整合到一起、集中进行管理，才能保证森林的基本秩序。而如何去合理应用、管理大数据，如何构建完整、高效的智慧交通体系，就成了当前的难点所在。就大数据而言，主要面临的问题包括如下内容，如图5-8所示。

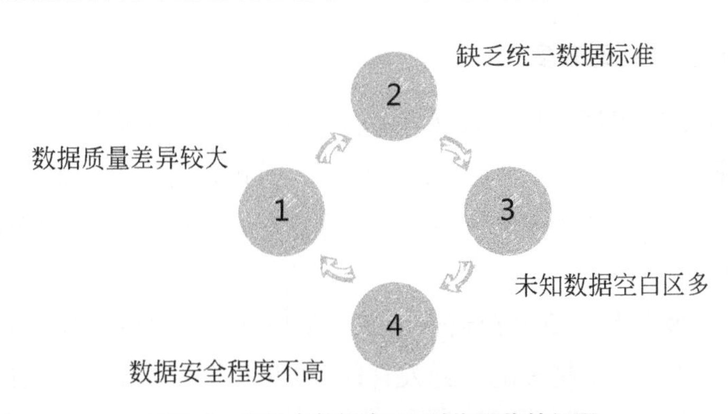

图5-8　交通大数据在5G时代面临的问题

① 数据质量差异较大　优质的数据质量就像安全健康的食材、环保无污染的工业材料一样，只有其质量高，才能使后续处理工作变得更加简便，并有利于增强最终信息传输结果的准确性。数据质量所影响的不仅仅是驾驶者、乘客，还包括各个地区的交通管理者、协调者，但由于国内当前在数据采集方面的选择范围比较狭窄且人们的相关意识还没有完全形成，因此数据质量容易呈现出参差不齐、差异较大的情况。

② 缺乏统一数据标准　国内智慧交通虽然已经得到了比较成熟、深入的应用，但一方面不同城市的规章制度、经济与技术水平有差异，另一方面即便是同一城市也很难实现数据标准的统一化，主要还是因为设备、管理模式的不同。无论从哪方面看，想要迅速解决这一数据标准问题都是很难的，后者还可以一步一步慢慢推着走来实现统一化，但前者面临的困难却更多、更难以被攻克。

③ 未知数据空白区多　如果想要加快研究进程，就必须进行大量实验，放到智慧交通上同样也是如此。数据的大量增加尽管会对设备造成压力，但可以通过设备扩建等方式来解决，但如果数据量少、覆盖领域狭窄、未知区块多，反倒会更令人感到棘手。此外，该问题可以与数据质量那一项结合来看，找到二者的平衡点并不是一件容易的事。

④ 数据安全程度不高　智慧交通十分依赖大数据，5G能够支持其高速传入、传出，但这一过程也隐藏着许多安全风险。数据安全这一问题常出现在金融行业，而事实上交通领域也同样需要注意数据安全、个人隐私这方面的问题。比方说人工智能对车牌的识别就可以使相应人员的个人隐私轻而易举被剖析，一旦泄露或被怀有不良用意的人利用，将会产生严重的后果。

（2）设备管理耗时较多

智慧交通的应用通常伴随着大量新型设备、系统的诞生，如人脸识别系统、公交车智能调度平台、交通管控系统等，而各大路口的智能摄像头、停车场的无人收费设备等也是有效改善人们出行效率的要素——在这些设备都能正常运作的基础下。

5G时代，每个人都期望看到一个智能化程度非常高的环境，目前在交通领域也确实实现了越来越多的“无人管理”“无人收费”模式。人们享受着设备给予的优质体验，但似乎却很少有人考虑过设备出现故障以后需要面对的问题。设备代替人力，管理人员对智能设备的依赖也在逐渐增加，但即便是身体再强壮的人也会生病，设备的可靠性再高也不能保证永远都不出问题。

此外，由于5G与交通智能设备的结合还不够稳定，因此设备一旦出现延迟提高、系统崩溃等严重问题，对应的交通领域也会受到极大影响。而这时候，管理人员一边要尽快维修设备，一边要调配人手前往相关地点处理问题，有时甚至会比传统交通模式的效率还要低。随着5G技术的成熟，设备的自我修复能力也会进一步提升，但其蕴藏的风险性在未来仍然是一个挑战。当然，相关地方可以多准备几套设备来应急，不过需要耗费较多资金，且有些固定领域只能维修，而无法立即进行设备更换。

（3）关键技术创新不足

智慧交通是智能交通更新后的产物，但并不是最后的终点。智慧交通需要慢慢完善当前的交通环境，也要持续创新、研发出更多先进设备，然而我们当前所应用的许多技术的原理、核心框架都是引用、参考国外的，在某些关键技术的创新问题上还存在一些缺陷。

除几大知名企业以外，大多数企业都没有技术突破的意识，只是将目光定位在产品市场中，希望能够抢占更多的市场份额，而并不重视产品在研发方面采用技术的创新性。但如果从长远发展的角度来看，这样的研发环境对智慧交通实现真正的进步并没有什么好处可言，反倒会对其形成阻碍。

上述提到的三大挑战是我们当前需要直视的、比较严峻的问题，每一项都关系到人们的出行质量以及交通管理环境，但同时每一项都不太能在短期内被解决。不过，这并不代表这三大挑战将会成为我们永恒的束缚，当其与5G技术齐头并进、受重视程度越来越高时，我们将会看到这三座大山被一点点翻越的场景。到那时，我们所处的交通环境将会得到更加显著的改善。

【案例】

上汽、中国移动、华为如何联手建设首个5G智慧交通示范区

如果在街上对路人进行随机访问，询问其对于智慧交通的看法、对相关设备的了解程度，每个人或多或少都会说出一些他们所接触的智慧交通内容。不过，这种程度还远远不够。2019年下半年，始终

坚持走在创新道路前沿的华为又开始借助5G来“搞事情”：华为联合其他几家大型公司，在某公开活动中正式宣布了建设智慧交通示范区的项目计划。那么，这一项目的开启又意味着什么呢？

首先，我们需要明白示范区究竟有哪些特殊之处。许多游戏在目前所应用的都是测试服与正式服并行的模式，既然是测试服，就意味着有许多还不够完善、达不到直接应用标准的功能都可以放到其中。顾名思义就是将带有不确定属性的东西拿给玩家试用，在收到了足够的反馈建议并经过相应整改后才能在正式服上线。而对于示范区来说，其应用理念也与测试服相差不多，只不过与虚拟环境相比，示范区更倾向于无限贴近现实。

几大公司选择合作建设示范区，一方面能够使更多构想得到应用，以此来提高智慧交通的创新程度；另一方面，示范区是受国家认可、支持的，特别是在高新技术的研究方面，国家始终给予鼓励。此外，像中国移动、华为这种大公司，它们的专业人员配置、资金能力等都处于比较优势的位置，可以说打造示范区对它们来说并不会造成什么负担，至少在基础条件上可以轻松达成。从另一角度看，各大公司还可以借助示范区来展示自己的综合实力。

智慧交通的理想状态是将人、车、路完美融合到一起，使这三大要素可以合理搭配、相互促进，而这也是该示范区想要呈现出的效果，或者说是各大公司想要完成的共同目标。既然是多方合作，每个公司就要提前做好合理分工，不能出现某个模块许多人抢着做，某个模块无人去做的情况。下面，我们就来分别看一看上汽集团、华为以及中国移动这三者各自负责的板块是什么，如图5-9所示。

（1）上汽集团

上汽集团主要负责的内容与其本职行业息息相关，即专注进行汽车的研发。上汽集团原本就在国内的汽车市场中占据着较多的市场份额，即便是在全球领域内也有着较大优势，而这种优势正是来源于其在汽车及车辆零件方面的高效研发，其中比较出名的品牌如雪佛兰、

图5-9　智慧交通示范区三大公司负责的内容

凯迪拉克等。

在公布示范区项目的仪式中，上汽集团也对5G智能汽车进行了展示，包括实体车以及概念模型两种形式，其中某款智能车在2020年上市，而示范区正好为这款车提供了比较便利的测试空间。我们来看一看上汽的智能车都有哪些突出优势。

① 响应速度提高　较快的响应速度是车辆安全行驶的重要前提，对自动驾驶车辆来说更为关键。而上汽的5G车辆在数据响应、交互方面做出了显著改善，好比原本绕场跑一周回到起点需要1min，而应用了5G之后则只需要10s左右。当然，5G常用的时间单位一般为毫秒，可以等同理解为比眨一下眼睛的时间还要短。

② 视觉感知系统　视觉感知系统是自动驾驶车辆进行“视觉感应”的前提，对上汽推出的5G智能卡车类大型车辆来说，该系统能够使其拥有更高效的追踪行驶能力以及更精准的范围目标识别能力，可以使这类负责装载大量货物的车辆能够更顺利地完成运输任务。

③ 减少环境污染　上汽在研发5G汽车的时候，还特别考虑到了一直困扰着人们的问题：汽车碳排放造成的大气污染。为了避免这种不利情况进一步扩大，上汽特别选用了新型环保能源，并且还开发出了能够有效控制碳排放的清洁系统，目标是努力打造绿色行驶的健康环境。

这类智能驾驶车辆在正式走进人们的视野之前，需要在示范区进行多角度的测试，每一次测试都有利于车辆性能、系统的改进，这也是一种来自知名集团的责任感，即要对公众的安全负责。

（2）中国移动

中国移动所负责的内容同样与其擅长的领域有关，即对示范区内的网络进行搭建与完善。要知道，高强度、高覆盖的网络信号就像汽车的发动机一样，只有5G信号足够稳定，车辆的各项智能化功能才可以成功启动，数据共享、计算反馈等操作才能在此基础上顺利执行。如果说有谁能够将组网工作做到最好，莫过于在移动通信领域占尽了优势的中国移动，也因此，其在示范区中需要负担的工作量与压力并不小。

在5G组网方面，中国移动打算走立体化路线，这里就要提到5G时代的新概念——宏基站。何谓宏基站呢？从字面意思看，宏基站的特点是范围大、距离远、可承载量广，简而言之一切都向高覆盖目标靠近。此外，作为辅助基站的工具，杆站的建立也能有效填补或增强宏基站的覆盖率，使人们能够切实产生5G网络无处不在的便利感觉。

中国移动的立体方案的预期目标是能够实现示范区的全方位信号覆盖，一方面可以检验中国移动研发成果的质量，根据示范区的5G网络环境效果来进行架构调整等操作；另一方面则是中国移动作为示范区联合成员之一应尽到的责任，良好的网络环境能够帮助上汽集团进行5G智能车辆的测试，否则会耽误示范区的整体研究进度。

（3）华为公司

三大公司在示范区承担的职责可以说是一环套一环，每个公司负责的内容都是环环相扣、彼此影响的。中国移动能够为上汽集团构建网络环境，而华为则始终将目光放在为这二者提供终端设备的支持上。5G终端的芯片质量很重要，它能够对信息进行高效传输，能够使中国移动构建出的网络环境更加稳定，还有利于增强远程监控功能的质量。

示范区就是绝佳的测试基地，由于与5G智慧交通有关的各方面内容都需要经过反复测试且地点必须具备参考性，因此示范区就成了一个十分抢手的项目，而这几大公司也成功凭借自己的优势与实力获得了项目参与资格。

此外，各公司联合搭建智慧交通体系比起独自试验要强得多，无论是成本还是效率都比之前的单独模式要好。毕竟5G智慧交通本就讲求数据共享、信息汇总，多多吸收新知识才能使技术变革的成功率提高。

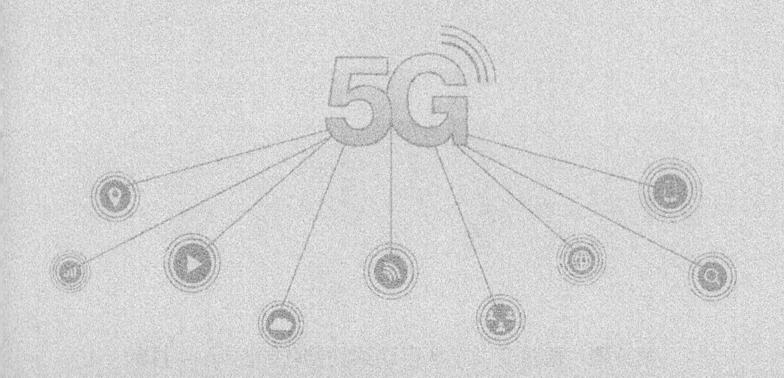
5G

第6章

智慧医疗：更智能更高效的医疗救助方案

5G在医疗领域中的贡献十分突出，与之结合的各类新兴医疗方式、技术、设备等层出不穷，尽管在当前仍然会面临一些阻碍与挑战，但毫无疑问，智慧医疗模式是一种积极意义上的巨大突破。5G医疗模式能够有更多机会将那些在死亡线上挣扎的病人抢救回来，也能够使那些处于偏远地区的人们获得更好的医疗条件，而人工智能的加入也可以有效降低医生误诊的概率，并能够运用智能系统辅助医生做出最优质的诊疗方案。简而言之，5G医疗的到来对医患双方来说都是一件再好不过的事。

6.1 火速抢救：毫秒级全线急救响应方案的实现

当救护车的声音响起时，道路上的每辆车都会自觉避让，因为人们很清楚，救护车需要争分夺秒才能使患者多上几分抢救成功的希望。时间、速度，不要小看这些词在医疗行业中的分量，“与死神赛跑”这句话从来不是说说而已，而“时间就是生命”在该行业也成了绝对存在的事实。当具备高速率特征的5G应用于医疗急救领域中的时候，又会起到哪些积极作用呢？

任何人都不希望自己出现在与急救有关的场景中，无论自己是当事人还是陪同者，然而，一些毫无预兆的突发疾病经常会令人措手不及。排除某些非正常情况，如因为过于慌乱而耽误最佳抢救时间或错误估算了身体的严重状况等，通常情况下患者都能得到及时有效的治疗，但终究还是会出现由于错过黄金时间而抢救无效的案例，且这种案例并不在少数。医生的救人心理是急切的，但在传统时代，有太多的因素会对他们的急救工作产生限制，从而还引发了不少医患矛盾。

而在5G时代，一切都会发生改变——无论是过程还是结果。5G技术能够深入医疗领域，从方方面面对传统的医疗模式进行改革，使时间再也不会成为阻碍医生拯救患者生命的因素，而是会成为将更多患者从危机边缘拉回来的驱动力。下面，我们就来分析一下5G在医疗急救领域中的具体应用，如图6-1所示。

图6-1　5G技术在医疗急救领域的应用

（1）5G急救车

5G技术在急救车的改造方面，可谓是进行了较大程度的革新，为其赋予了新的意义。与传统时代的急救车相比，5G急救车就像一个移动式的简便医疗诊所，急救车不仅仅只是一个运送患者的工具，而是真正成了高效的抢救设备。5G急救车的主要作用体现在如下方面：

① 最优路线方案　在过去，尽管大多数车辆都有为急救车让路的意识，但仍然无法避免某些特殊路况的阻碍，比方说前方出现交通事故或赶上高峰点堵车严重，即便其他人想让急救车先走也没有办法。而5G急救车则拥有精准的导航定位功能，其自主性非常显著，不仅能够提前使驾驶员了解前方的交通情况，还能制定出能够尽可能节省路程时间的最优路线。

毕竟，即便5G急救车拥有能够在车内进行诊疗的功能，也始终无法与真正在医院进行诊疗的质量相比。所以，缩短去医院的时间就显得格外重要了。

② 即时车内诊疗　5G急救车内配备的医疗设备与传统急救车相比要更加专业、完备，能够对处于危机情况的患者进行基础救治，最大限度地在患者到达医院之前减少病症在其身体上造成的损耗。此外，5G急救车所采用的也是5G智能设备，相较于传统医疗设备而言拥有更精准的诊疗判断、更高效的治疗效果。

③ 数据迅速回传　以5G急救车为载体，直接改变了患者的传统急救流程。

车内的专业人员通过使用5G医疗设备对患者进行基础情况的检测之后，能够借助5G的高传输速率、低延迟优势，直接将数据通过平台发往对应医院，当相关科室的医生看过了患者的基本信息与各项病情数据之后，就可以迅速根据患者情况制定合理的治疗方案，准备与治疗有关的设备材料等。

而在过去，医生无法提前查阅、分析患者的信息，绝大多数情况下患者都不具备抵达医院就能直接进入手术室或迅速接受诊疗的条件，因为在不确定患者情况的前提下就立刻进行手术无异于是一种风险极大的行为。有了5G技术的参与之后，医院与5G急救车就能实现高效对接，真正实现那些只在虚构剧情中出现的场景。

（2）无人机运输

在5G技术应用下，无人机可以承担与医疗急救有关的任务。无论是从急救车内将与患者有关的人体组织如血液等运送到医院，还是从医院将相关急救药品运送到车内，都可以使患者的存活率得到提升，目的是为患者争取更多的救治时间。5G赋能的无人机拥有较强的自我操控能力，能够实现正常范围内的运送工作，应用于急救领域再合适不过。

（3）VR远程诊疗

5G+VR技术应用于医疗行业，可以说是一个新的突破，其主要优势就是能够不受传统的地域限制，可以通过5G急救车与医院直接建立高质量视频通信，再利用VR眼镜来进行远程诊疗。在4G时代，尽管也存在远程视频形式，但其弊端非常明显：画质不清晰，卡顿情况较严重。

如果在普通生活场景中，4G的画质也许不会对人们造成什么影响，但对于需要精准到每一个细节的医疗行业来说，不够清晰的画面就像闭着眼睛一样，完全不具备参考意义，也不能辅助医生做出精准判断。而有了VR技术之后，医生可以清晰看到患者的情况，就像身临其境一样，能够对相应人员予以远程指导。

（4）急救通信系统

急救通信系统所扮演的角色就像一个总指挥，能够与5G急救车进行高效沟通，也能够及时、充分地收集到现场情报。如果现场出现任何特殊变故或在前往医院的路上遇到阻碍、需要医疗援助时，都可以通过急救通信系统来同医院建立即时沟通，特别是在出现某些大型事故、需要运送大批量的伤员时，调度中心在其中需要承担的任务就非常艰巨了。如果不能迅速与现场人员进行沟通，很有可能会耽误伤员的就诊效率，使其伤势加剧，因此，5G应用下的急救通信系统在这个场景中存在的意义就很明显了。

（5）线上复诊

有些病人在一系列5G医疗设备的帮助下及时得到成功救治后，在其身体情况逐渐恢复、具备了出院的条件后，还可以通过5G技术进行线上复诊。医院方会将患者的数据储存到对应数据库中，通过各种形式对病人进行线上诊疗。这样做一方面能够使患者拥有更多的休息时间，避免了线下出行可能会对身体造成的不适感，另一方面也能减小医院诊疗的压力。

在了解了5G技术覆盖下的急救模式后，你是否感受到了5G在医疗急救领域做出的显著贡献？可以直白地说，5G提高了医生将患者从死亡边缘抢救回来的成功率，使越来越多的宝贵生命能够得到及时有效的救治。随着5G技术的发展，我们必将看到医疗急救变得更加智能化、专业化，医患之间的信任关系也会更加牢固。

6.2 远程医疗：挣脱空间与资源限制的远程会诊与治疗

“看病难”这个现象涵盖了许多复杂原因，有时候资金问题只是一方面，还有很大一部分人无法及时就诊是因为受到了交通的限制。有些人的身体情况已经不适宜经历长时间的交通周转，还有些人被各种特殊情况如工作、家庭等因素所影响，长途跋涉的就诊之路对他们来说有着太多不确定的东西。就诊的距离在过去是困扰很多患者的问题，而5G远程医疗的出现，就像一道光，撕破了漫无边际的黑暗。

远程医疗无需被空间束缚，即便分隔两地、距离遥远，医生也可以通过视频形式实现“面对面”诊疗的效果。远程医疗是一种实用性强、效率高的诊疗方法，对于某些情况特殊的患者而言是一大福音。

但也正因如此，远程诊疗像急救车一样珍贵，无论远程医疗是否应用了5G技术，也不可能在开启问题上毫不受限，只有在条件达到标准的前提下，医院才能对患者实行远程诊疗，如病情比较严重或非常规发病原因需要多方讨论、患者距离很远等。与传统的远程医疗模式相比，带有5G技术的远程医疗在功能、质量等方面都有了更多的突破，如图6-2所示。

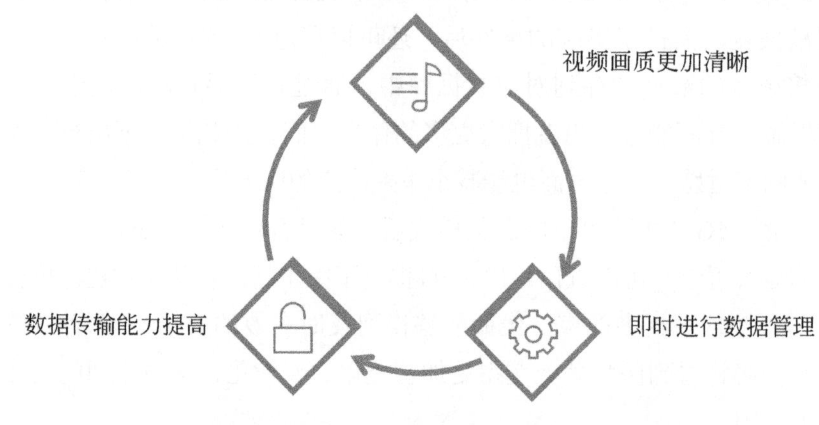

图6-2　5G远程医疗的新突破

（1）数据传输能力提高

进行远程诊疗并不是像普通人一样以视频形式聊聊天，是需要对大量医疗数据进行接收与传输的。过去可能1min才能上传两个数据包，而5G可以达到加倍的效果，不仅在传输速率上有所提高，并且在传输容量上也得到了扩大。另外，5G稳定的网络环境也能够保障数据传输的畅通性，而不会出现传输至一半网络中断、卡顿导致传输失败的情况。

（2）即时进行数据管理

安装了5G远程诊疗系统的智能电脑，能够在医患双方进行远程沟通时于屏幕中以图片、数据等形式实时显示出患者的身体情况，而这些数据往往需要被立刻记录下来作为后续诊疗的依据。在5G技术支持下，系统可以完成对数据的自动存档，避免了手动记录的烦琐，并且不会出错、不易丢失，如有需要可以将其随时调取出来。

（3）视频画质更加清晰

远程诊疗的最终结果、治疗方案等都要建立在足够清晰的视频画质上。若画质模糊且视频沟通经常出现延迟情况，医生将很难对患者的病情做出精准判断，而在某些紧急场景中，这种情况无疑会使患者陷入更加危急的状态。而5G所应用的新型芯片可以显著提高画面质量，使医生能够看到更加真实的画面，捕捉到更多有利于了解患者病情的细节。

5G技术与远程诊疗的结合使其应用价值、范围、作用等方面都得到了提升，对传统远程诊疗模式的弊端进行了处理，又增添了许多新的优势。在这种强大功能的推动下，5G远程诊疗较之前有了更丰富的应用场景、更可靠的诊疗效果，比较常见的应用领域如图6-3所示。

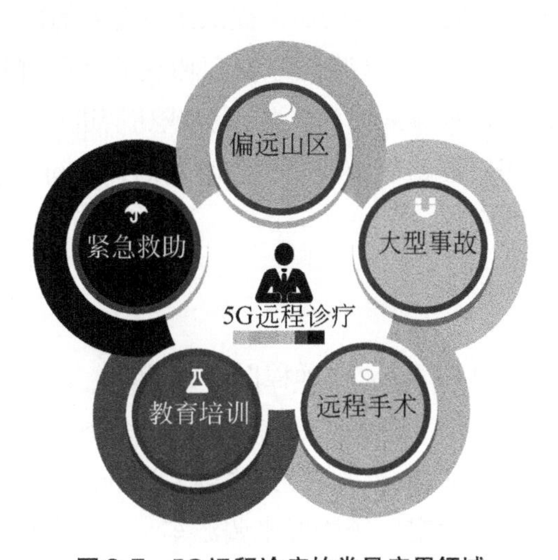

图6-3　5G远程诊疗的常见应用领域

（1）紧急救助

无论是在新闻报道中还是在日常生活中，大多数人应该都听说过、接触过这样的事情：在某些公共场所，忽然看到有人产生了比较剧烈的身体反应或发生了意外情况如火灾烧伤、心脏骤停等，这些情况较一般的慢性病而言更加紧急，如果身边没有具备医学知识的人从而错过了黄金抢救期，很有可能会导致一个原本有希望被救活的人就这样失去了生命。

即便是5G急救车也不可能立刻赶到，而这短短几分钟对患者来说十分关键。单靠电话讲解很有可能出现普通人无法准确理解救助要点的情况，但如果变成视频形式的话，救助者就会更有把握一些。当前，医院的应急指挥系统能够迅速接收到紧急求救并立刻给出相应的解决方案，与远程技术相结合可以更好地应对各种突发情况。

（2）偏远山区

不同城市、地区的经济发展水平、医疗技术水平都是不同的，在过去，缺乏资金条件、缺乏医疗资源的偏远山区居民往往在生病后得不到有效的治疗，更不要说某些疑难杂症。山区居民如果出现比较严重的疾病，只能前往某些小诊所或医疗水平一般的医院，他们中的大部分人已经习惯了这样的生活状态，尽管传统的远程诊疗也尝试过与山区建立连接，但由于信号不稳定、画面断断续续等原因，还是未能对偏远山区的居民提供比较有效的帮助。

但有了5G远程诊疗之后，这些医疗资源稀缺的地区就具备了接受较好诊疗的条件，医生可以通过视频来对病人的伤势或病情进行诊疗与分析，这样能够大大降低偏远山区居民在路程上耗费的资金与时间，可以根据远程诊疗情况自行前往对应的医疗机构。

（3）大型事故

某些大型事故现场非常需要5G远程医疗的帮助，比较常见的就是车祸事故，特别是大型卡车、公交等事态比较紧急、重伤者较多的情况，另外还包括由于自然原因产生的事故如地震、洪涝灾害等。这种时候，医院的应急指挥中心一方面要根据远程视频确定现场情况来调派车、人手和资源等，另一方面也要通过视频进行简单的医疗救治讲解，使普通人也能做一些基础的伤情处理，而不是让所有人都只能焦虑地等待。

（4）远程手术

病症程度愈严重的手术，其过程难度与风险也就愈大。如果想要降低各方面的危险概率，最有效的方法就是寻求专家团队来进行手术观察与指导，但如果出现专家因公外出等情况恰好不在此地，5G远程视频就可以起到作用了。

专家尽管不能及时赶赴手术现场，但却可以通过5G技术实现“近距离”

手术观摩，并能够即时接收到患者的相关生理数值变化，根据手术情况给出自己的指导意见。当手术过程中出现某些无法精准判断的异常情况时，专家的帮助就显得十分重要了。

（5）教育培训

医疗是一个需要恒心与毅力的行业，无论是刚刚踏入医疗领域的新手，还是已经有了多年诊疗经验的专家，在治病救人这条路上都必须不断补充新知识、重复练习相关技能。对医学生而言，专业性较强的医疗课程能够使他们的个人能力得到提升，但过去大多数情况下只能采取实地面对面的形式来进行知识的讲授，这对医学生来说会起到限制作用。但随着网络环境的发展，线上的教育培训模式开始逐渐变得受欢迎，医学生能够更合理地安排自己的时间，也能汲取到更多的新知识。

5G远程医疗的推行能够使医患双方都享受到其中的好处，人们的就诊效率将得到有效提升，而医生也将有更多条件去钻研学术方面的知识，医疗环境会变得更加健康有序。

6.3 智能诊断：更高效更稳定的AI辅助医疗诊断

人工智能作用于医疗领域这一理念在很早就已经被一些专业人士提出，但在4G时代的应用并不明显，许多构思由于条件未达标准而很难转变到现实的医疗场景中。而随着5G技术的深入探索，人工智能有了更多的可行性，不仅能够成为患者的“小助理”，同时还是能够辅助医生工作的智能工具。就现阶段的应用效果来看，人工智能还有许多未被开发的医疗潜力。

我们先来看一个机器人应用于医疗手术场景中的案例：2018年，一场看似属于常规形式的骨科手术正在有条不紊地进行，但如果细心观察手术室内的场景，就会发现隐藏在常规背后的“特殊”情况。传统的骨科手术尽管也会应用到一些智能化设备，但那些设备通常只能使医生看到手术过程中的各项数值，起到提供手术依据的作用，却不能辅助医生做出更快、更精准的判断。

而在这个场景中，智能医疗机器人的优势却十分突出。首先，它能够借助医疗影像设备将患者的骨折情况呈现到屏幕上，然后医生将相关指令传递到机器设备中，在接收到指令内容后，智能机器人摇身一变成为了“纠错审查人”，如果医生在骨科手术过程中出现了位置上的偏离，机器就会立刻做出调整。要知道，骨科手术对位置的精准度要求极高，而机器人的出现则能够协助医生降低出现位置误差的概率，使患者手术成功率得到提升。

通过这个案例我们可以看到人工智能在手术领域的辅助作用，即努力控制医疗工作的出错率。要知道，医生尽管承载了许多患者的希望，在患者眼中是无所不能的存在，但实际上医生也并不是真的万能，他们有自己的知识空白区，同时也会有判断出现问题的时候。

许多医患矛盾来源于误诊，我们也完全可以理解患者对于误诊这件事的恐惧，当医生在进行病情诊断时出现不确定病情的时候，就可以借助人工智能机器的力量了。“对症下药”尽管听起来并不难，但与这个“症”有关的因素有时候真的会影响到医生的主观判断，而这时候如果人工智能技术可以为医生提供更多有用的参考信息，医疗诊断的准确率就会直线上升。现阶段，人工智能已经开始尝试涉及以下几类疾病领域，如图6-4所示。

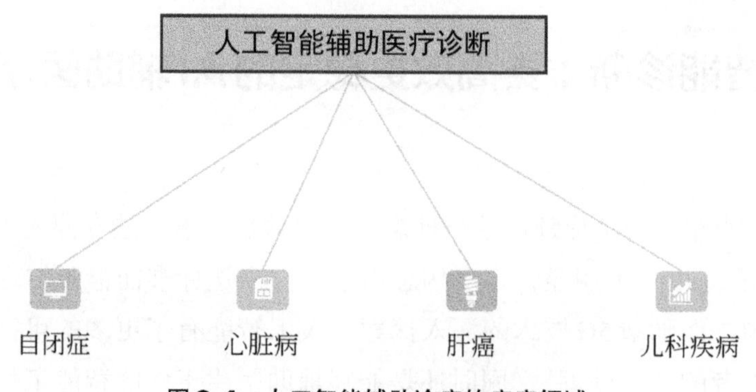

图6-4　人工智能辅助诊疗的疾病领域

（1）自闭症

自闭症往往出现在新生儿从出生开始到满一周岁之间的时间段内，近年来随着人们对这方面意识的提升，自闭症的受重视程度也越来越高。但麻烦的是，由于自闭症本身的特殊性质，在过去有许多孩子都是在过了黄金治疗期之后才被确诊，这就导致后续的治疗效果被大大削弱。但当人工智能加入自闭症的诊断环节中后，有越来越多患有自闭症的孩子会被提早发现异常症状，从而得到更好的治疗。

要知道，过去确诊自闭症的孩子通常是根据临床表现来判断的，如无法正常与他人交流、与父母无法产生亲近之感等，但也不排除有一部分孩子只是性格原因，因此常常需要持续观察一段时间后才能确诊。

而人工智能却借助了深度学习技术来检测孩子的瞳孔，通过瞳孔的变化来判断其是否存在患有自闭症的征兆。除此之外，人工智能设备还会对孩子的心率进行测量，目的是避免误诊，通过多方位测评使结果更加客观。自闭症越早发现越能提高孩子恢复正常的可能性，该设备目前还在不断进行改进，医生可以将自己的临床经验与设备结果结合在一起进行诊断。

（2）心脏病

心脏病是一种风险隐患非常大的疾病，同时其突发概率也很高，每年都有很多人因为心脏病的发作而被紧急送往医院。但有些情况比较复杂的心脏病有时就很难被及时诊断出来，这就直接影响到了相关人员的个人健康。如今，国内外有很多企业都在研究能够对心脏病进行准确检测的人工智能系统，其中有一款智能设备的算法可以说十分具备创新性：你能够将你的视网膜状况与心脏病联系到一起吗？

通过扫描视网膜得出的图像，人工智能系统可以根据图像信息来分析视网膜主人是否患有心脏病或对心脏病发作的概率进行合理预测。目前，有一部分人工智能系统已经以便携设备或程序形式走进了人们的生活中，除了那种早已被确诊的、严重等级较高的心脏病以外，人们完全可以利用人工智能系统来自主进行日常的健康检测。当然，这类设备应用于医院中也能够对医生起到辅助决策的作用。

（3）肝癌

肝癌作为一种恶性肿瘤，在近些年的发病率也不算低。然而，肝癌在早期一般不会出现明显的症状，而一旦被发现通常已经到了中期阶段，有些甚至直接被确诊为晚期，这在过去对医生来说是一个十分棘手的问题。而人工智能在该领域能够起到的作用就是尽量赶在早期诊断出患者的肝癌症状，同样要根据算法来监测患者的肝脏有无异常情况，或是根据肝癌的影像来进行智能识别，尽管不能达到百分百命中，但也能够实实在在地使肝癌患者诊断准确率得到提升。

（4）儿科疾病

儿科疾病顾名思义即儿童常患的疾病，主要包括手足口病、烧疹、水痘等。儿科疾病的诊断在大多数情况下还是比较精准的，但也不排除有小概率的误诊，且有时由于儿童的良好表达能力尚未形成，导致医生会耗费较多的时间来排除各种影响因素。

另外，儿科的医务人员每天的工作量都非常大，几乎没有可以休息的时间，这就间接导致由于医生疲惫或其他原因影响到最终的诊断结果。因此，人工智能应用于儿科，能够较大程度地分担医务人员的工作量，以此来协助医生进行更加高效的疾病诊断。某医院曾进行过人工智能与儿科医生的对比诊断测试，测试结果是在相同的时间内，人工智能的诊断精准率是高于医生的，这也使得医生可以更加放心地使用人工智能来协助进行诊断。

除上述提到的几类常见疾病以外，人工智能还在不断扩大自己的协助范围，像脑出血、流感等。最初对于这种智能诊断还抱有怀疑态度的医务人员，在经历过多次辅助体验后，逐渐认可了人工智能在医疗诊断领域做出的贡献。

6.4 实时监测：显著提升医生查房、疾病防治效率

我们在上一节中提到了人工智能为医疗诊断提供的有效帮助，不过有一句话叫“防患于未然”，大多数人应该都不想走到确诊那一步，而是更希望在日常生活中对疾病进行预防，而5G当前也有涉及这方面的内容。在医疗领域，无论是在医院内部还是外部实时监测是非常重要的。

查房是一件对医务工作者来说就像吃饭喝水一样平常的事情，如果按照目的来划分可以分为三种情况：第一种是院领导通过查房形式去了解医院内部不同病区的情况；第二种是我们比较熟悉的主治医生查房，目的是为了记录、分析对应患者的身体情况，使患者能够接受到更好的医疗服务；第三种则由科主

任等高年资医师带队，通过查房来对实习医师进行教学，这种现场教学比起单纯传授理论知识效果要更好一些。

从上述内容来看，查房表面上只是医患之间的沟通交流，但实际意义却很大。不过，即便没有到每年的发病高峰期，医院的住院患者数量仍然十分庞大，这就导致常常有患者会产生这样的抱怨：查房速度太慢，耽误了自己正常的治疗、休息时间。面对这样的抱怨，医务人员也感觉很无奈，毕竟他们的工作量实在太大，能调动的人手却又没那么多。为了缓解这种医患矛盾问题，智能查房系统就慢慢走进了医务人员的视线中。

传统的查房，医生需要提前准备好与患者有关的材料，如病历、化验单等各种纸质资料。而在智能查房系统上线后，医生能够改变过去的查房形式，使查房效率变得更高，能与更多患者进行有效沟通，并且在5G时代该系统在性能上还将会有更显著的突破，具体内容如图6-5所示。

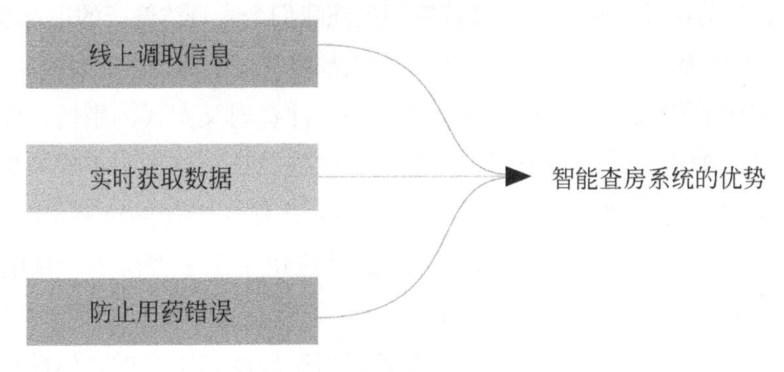

图6-5　智能查房系统的优势

（1）线上调取信息

智能查房系统脱离了纸质资料的束缚，医生可以直接通过智能设备扫描接入相应的患者信息、资料，比起传统的纸质查阅方式无疑要更加快捷，并且能够更加简便地携带，而无需考虑资料遗漏、丢失等问题。此外，如果医生在查房时需要添加或修改相关数据，也可以直接通过智能设备来完成。

（2）实时获取数据

医务人员想要同时关注每一个病区内的患者，现实中是很难实现的，当住院患者增多或出现某些特殊情况时，医生会有无法及时照顾到的地方。智能查房系统具备实时进行医疗数据采集、存储的功能，医务人员可以通过智能设备及时获取数据，这样一方面能够减轻医生的工作压力，提高查房质量，另一方面也能使患者的生理数值变化及时被察觉、处理。

（3）防止用药错误

现阶段，大部分医院都会为住院的患者配备腕带，医生不用携带纸质病历是因为可以直接扫描腕带来获取。当医生完成了查房工作后，会将所开医嘱直接通过系统传入护士站，然后再进行相关的用药准备。在安排患者用药时，医务人员同样需要通过扫描来核对患者的电子信息，这样几乎可以百分百避免出现用药错误的问题，能够使患者的信任感更加强烈，有助于进一步改善医患关系。

5G在智能查房中主要起到了搭建稳定网络环境、实现数据高速传输的作用，使医务人员可以借助实时监测功能来了解患者的治疗情况。而如果我们切换到疾病预防的场景，5G又能够变成密切关注我们个人身体健康的小管家，目标是揪出早期的病症并尽快进行处理，使每个人都能清晰了解自己近期的身体情况。

有一些中老年人经常会觉得定期体检是一件费时又费钱的事情，即便身体感到了不适，他们也认为只要忍一忍就能挨过去。正是这种不正确的想法导致他们在疾病预防方面做得非常不到位，往往无法抓住最佳的早期治疗时间段。5G技术本身具备较强的数据集成能力，能够应用于像患者腕带一样的可穿戴设备中，通过与人体的接触完成数据感应、分析。这类智能产品一般以手环、戒指、眼镜等物件作为载体，目前主要可以用来检测以下几类人体数据，如图6-6所示。

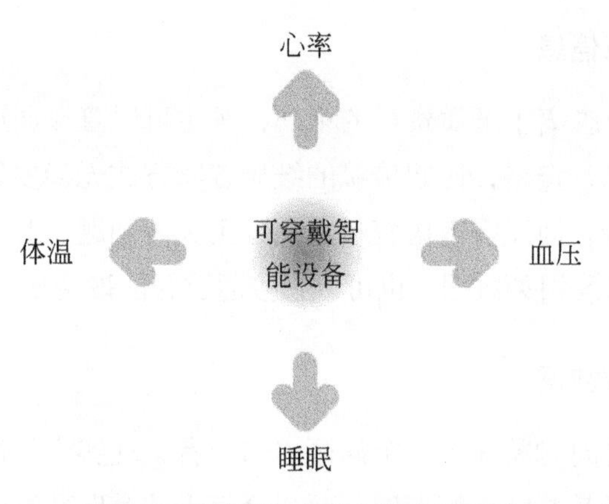

图6-6　可穿戴智能设备的应用领域

（1）体温

过去，人们往往在感受到身体有明显不适，如咳嗽、全身乏力、畏寒等情况时，才会利用体温计来测量身体的温度，不过一般在这种时候，人们的发烧程度应该已经比较明显了。如果能够通过智能设备随时感应体温情况，人们就可以根据设备显示的数据来提前服用药物防止病情加剧。这项技术还可以应用到身体情况比较脆弱的新生儿身上，某些设备还支持超标警报功能，这样一来就能使新生儿得到更加安全的保障。

（2）心率

心率过快或过慢都会对人体造成威胁，一些喜欢运动的人应该尤其重视这一点，如果心率飙升至130左右，很有可能会威胁到自身的生命安全。因此，随身配备一个能够检测心率的智能设备，就可以在运动时变得更加安心，而不是将一个原本属于健康性质的活动变得危险。

（3）血压

当前市面上测量血压的仪器有很多，但大多数都是家用式血压检测仪，与便携式手表相比无疑显得有些笨重。无论是老年人还是年轻人，都不要忽略对血压的实时监测，一旦血压升高会使人们感到极度不适，会出现心悸、呕吐等情况。那些传统的血压仪一般不方便在外出时携带，但如果是手环的话，随身佩戴就方便多了。

此外，当老年人独自出行时，如果因为高血压而行动不便且身边恰好没有旁人，手环会对预设的紧急联系人发出通知并配以警报的声音，在某种程度上降低了老年人独自出行的风险。

（4）睡眠

当越来越多的“养生群体”开始关注自己的睡眠质量时，睡眠情况检测设备的市场就来了。这类智能设备可以通过对佩戴者心率、呼吸等情况的判断来监测其睡眠情况，并根据预设指标对睡眠数据进行评估、反馈，使人们可以更合理地调节自己的睡眠时间。不要小看睡眠对于人体健康的重要性，长期失眠会对身体与精神造成极大的负担，应对这方面的症状提早重视。

随着时代的推进，人们给予身体健康方面的注意力越来越多，在这方面的意识也变得越来越强。而5G与智能设备的结合就像是给人们吃了一颗定心丸，能够通过全方位的实时监测来有效进行疾病预防，保障自己的身体健康。

6.5 智慧医院：5G医院的各类软硬件及服务模式升级

智慧医院努力使传统医院模式向智慧化、信息化这一目标靠近，人工服务将不再是医院的主流，医患双方都能在智慧医院中感受到与以往截然不同的医疗环境。在5G时代，医院由内到外都会发生巨大的改变，无论是设备还是服务模式、经营理念，都有着被高新技术所覆盖的体现。就目前的发展趋势与应用程度来看，智慧医院的可开发潜力还有很多。

当前，各大城市二甲及以上的医院几乎都在大力推动智慧医院的建设。尽管由于每个城市的发展情况不一样导致医院的智慧化程度有所不同，但必须承认的是，这种智慧模式已经慢慢从概念变成了现实，且每个人都能享受到该模式带来的便利之处。如果让你试着回忆传统的医院环境，你还能想到哪些内容呢？是排着长龙缴费的队伍，疲于应对诸多找不到目标位置的就诊者的导诊员，还是看上去十分混乱的大厅环境？

漫长的等待、烦琐的流程，这些都是传统医院存在的不健康现象，大多数人在过去都有这样一个共识：看病等于排队，无论病情严重程度如何，只有在排队这一个环节上，大家都是相同的。而智慧医院则运用合理方式解决了这个长期以来令人们饱受困扰的问题。归根结底还是在于各类智慧化设备的引入与医疗体系的彻底调整。智慧医院在医疗软硬件上都有所涉及，具体内容如图6-7所示。

（1）电子病历

我们可以将电子病历当作智慧医院的代表物，电子病历的上线可以说直接改变了传统的纸质化就诊模式，其便捷程度远远不是传统模式能够赶得上的。

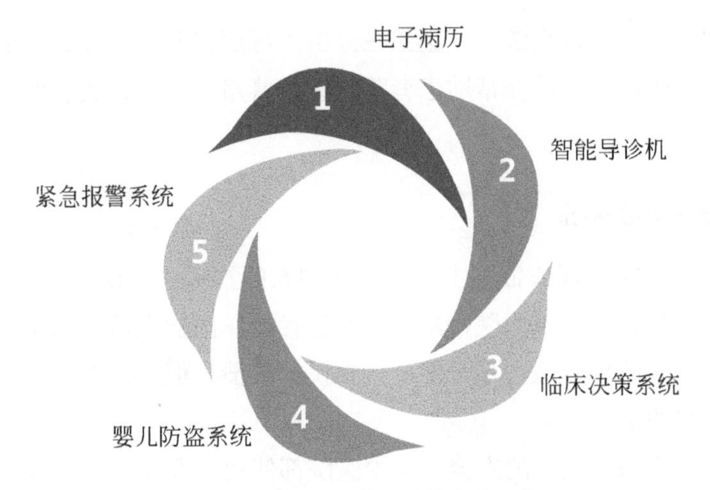

图6-7　常见的智慧医院软硬件设备

电子病历即利用互联网技术将与患者有关的信息全都储存到系统中，主要包括患者的基本信息、诊断结果、既往病史、手术记录等。

要知道，在过去有许多医生会将时间耗费在整理患者的纸质病历工作上，并且要完整保存、持续更新，这对医生来说是十分头痛的一件事。而有了电子病历以后，医生再也不用手工记录、分类整理，而是完全可以在网上进行流畅而安全的操作。在5G环境下，电子病历的信息处理速度会变得更快，无论是数据的上传还是即时储存都会更加高效。此外，电子病历还可以帮助医生检查录入内容是否有差错，如果系统检测出现异常数据，会及时向医生发出提示。

（2）智能导诊机

我们在前面也提到过与导诊有关的问题，在5G与人工智能的协同发展还没有到达一定标准之前，医院的导诊员需要承担较多的工作量，有时还会因为患者过多无法及时应对而遭到患者的抱怨、投诉。有了智能导诊机之后，医院的导诊员就能得到“解放”了，他们的工作负担会被大大减轻。智能导诊机的操作并不复杂，患者可以采取触屏或语音对话的形式来寻找解决问题的方法，此外，它还可以进行简单的医疗咨询、自我评测。

（3）临床决策系统

临床决策系统可以帮助医生进行更高效的信息分析，并辅助其做出效果最优的诊断决策。有了该系统后，医生在分析患者症状时能够降低出现差错的概率。此外，临床决策系统在帮助患者节省医疗费用的同时，还能根据充足的患者数据做出相关预测。

（4）婴儿防盗系统

我们有时会在电视或报纸上看到这样的新闻报道：不法分子在无人注意、监管放松时偷偷将婴儿从医院带走，更有甚者扮作医护人员“光明正大”地将婴儿抱走。孩子的出生原本是一件令人喜悦的事情，但这种不法事情的发生却会使一个完整的家庭破碎。

为此，为了保障孩子的安全，不少医院都使用了婴儿防盗系统。该系统会与婴儿身上的电子标签建立良好感应，一旦系统检测出婴儿处于非正常环境中，就会立刻发出警报。

在5G的低时延功能支持下，婴儿会得到更加强大的保护，假设原本可能需要2～3s的感应时间，有了5G网络的优势后，可能会在此基础上缩短至毫秒级。别小看这短短的时间，这也许能够成为拯救婴儿未来命运、拯救一个幸福家庭的关键。

（5）紧急报警系统

近年来，尽管医患关系有所改善，但各类危险、暴力事件仍然没有得到完全根除，这种风险隐患不管对医生还是对其他患者来说都是非常危险的。人流量较大的大型场所都会配备报警系统，医院这类特殊区域自然也不例外，如果条件支持的话甚至要加大对这类系统的建设力度，目标是在每一次出现意外事件时都能将伤害降到最低。紧急报警系统的特点是无线传输，这一特点在5G环境下会更加显著。一般情况下，医院会将该系统安装至各诊室、病区及各个关键区域。

智慧医疗系统的上线是搭建安全、和谐、高效率医疗环境的重要前提，无论是软件还是硬件，对智慧医院来说都必不可少。当设备进行升级更新后，医院的服务模式、水平自然也会发生变化，这些都是患者可以明显感受到的，也就是我们在近年来频繁听到的“智慧服务”。智慧服务的表现形式有很多，无论是以设备为载体还是以医务人员诊断、治疗方式的改变为事实依据，医院在人们心中的形态发生了变化。

每个医院在推行智慧服务模式时的目标都很统一、很明确：使患者体验到更舒心的医疗服务，减少患者在排队问题上耗费的时间，使患者能够更加相信医生、医院……简而言之，智慧服务的宗旨还是将患者放在核心位置上，尽可能保障患者的个人权益，从某种程度上也能减轻患者的经济负担与身体损耗，比方说5G远程会诊功能的上线。

智慧医院与我们每个人的生活都息息相关，没有人能保证自己或身边的亲戚朋友一辈子不生病，因此我们自然希望医院的诊断质量越来越高、诊疗环境越来越好。将医生当作值得信赖的对象，这也是推行智慧医院的意义之一。

【案例】

洛阳市中心医院如何利用5G提升服务质量

我们已经大致了解了有关智慧医院的基本知识，下面就以洛阳市中心医院为例来阐述其将5G与医疗服务结合在一起的具体方法。作为河南第一个获得了5G医疗许可的三甲医院，该医院其实也是在一步步尝试、探索如何能够更好地将5G融入医疗环境中，但无论如何，能够踏出这一步总是一个好的开端。

洛阳市中心医院在没有正式开展与5G有关的项目之前，在打造医疗质量、专家团队、医疗设备等方面所做的工作已经相当优秀，其综合实力与口碑是有目共睹的。不过，该医院并没有满足于现状，而是致力于持续创新、应用更加先进的信息技术，所以在2019年上半年做出了引入5G、向智慧医院转型的重大决定。

尽管按照常规思维来推断，应用新技术会使医院增加更多优势，但一方面有些年纪较大的患者不习惯智慧医疗模式，并且对某些新型设备持怀疑态度；另一方面打造智慧医院基本上等同于对医院内部进行了一次大换血，许多设备都要升级或直接被替换，同时还要对医务人员进行相关培训，医院需要为此投入较多成本。所以，洛阳市中心医院的这一决策其实也带有较强的风险性，不过从其应用效果来看，终究还是利大于弊的。下面，我们就来看一看其在智慧服务方面所做的工作有哪些，如图6-8所示。

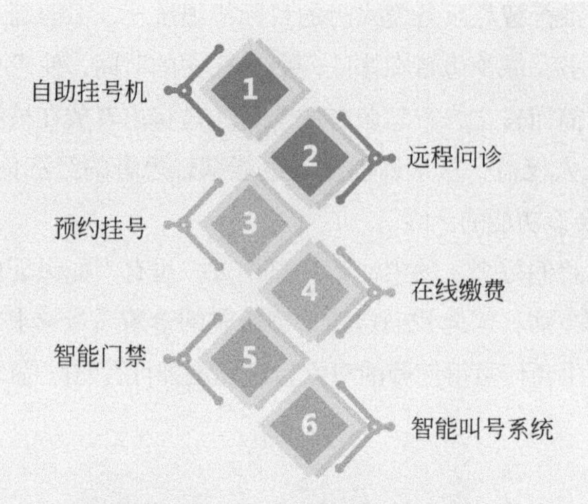

图6-8 洛阳市中心医院的智慧服务建设

（1）自助挂号机

自助挂号机专门用于解决令患者十分烦恼的排队问题。自从自助挂号机推出后，明显可以看到各个挂号窗口的队伍在缩短，自助挂号机分走了较多的等候人员。不过，无须担心越来越多的人选择自助挂号机会导致新一轮的排队问题，因为机器本身的操作十分便捷，大厅内的配置数量也很多，且由于洛阳市中心医院在不断加强对5G网络环境的构建，所以人们在与自助挂号机进行交互时机器的反应速度会变得更快，可以更快地读取患者信息、进入挂号选择界面。不过，这种机器对于某些很少接触信息化服务的患者来说可能还是会显得操作比较困难。因此，医院既保留了正常的人工挂号通道，也配备了比较专业的服务人员在机器旁进行操作指导，目的是使各种类型的患者都能迅速挂号并尽可能熟悉智能化设备的使用。

（2）远程问诊

5G在远程问诊领域做出的贡献是非常显著的，洛阳市中心医院利用5G进一步提升了远程问诊的应用能力，并使其能够作用于更多的医疗场景中。在5G建设项目签约那一天，医院就利用5G开启了一次远程直播。画面那头显示出救护车内正在对患者进行急救的场景，而坐在医院会议室内的各位专家则通过远程形式给予了实时指导，使急救工作可以顺利进行，这就是洛阳市中心医院将远程问诊用于急救领域的尝试。

除此之外，该医院还向基层医疗机构以及医疗诊断能力不足的地区提供远程问诊服务，为的是使更多基层群众都能接受到更精准的病症诊断，以免耽误了最佳治疗期。这种做法使洛阳市中心医院获得了更多的好评，其服务质量也因此而受到了肯定。

（3）预约挂号

洛阳市中心医院除配备了一定规模的自助挂号机以外，还支持线上预约挂号的功能，如果在过去向那些正在因为排队挂号而焦头烂额的人们说出这项功能，想必一部分人不会相信，另一部分人则会感到这项功能距离实现还很遥远。然而截至目前，大多数医院都已经推出了该项功能，而洛阳市中心医院的预约方式则更加多样。

最常被使用的预约方式是网上预约，而那些不熟悉网络操作的人可以采取电话预约、现场自助预约等方式，基本上能够满足大多数人的挂号需求。有了5G即时传输的帮助，医院内的预约挂号系统可以稳定运行，不遗漏、不出错，并且完全可以脱离人工干预完成对预约挂号与现场挂号的分类处理。预约挂号功能可以进一步缩短患者的就诊时间，对比过去，5G覆盖的预约挂号模式又增添了不少新的优势。

（4）在线缴费

医院除了会在挂号窗口出现长时间的排队现象以外，缴费窗口也同样耗费时间，并且由于以前的支付方式比较单调，大多数人都选择现金缴费，这就出现了现金丢失的风险。而在智慧医院中，许多人都会放弃传统的排队缴费而转向使用自助缴费机、网上缴费等便利缴费形式。

不过，在自助缴费机刚刚上线的时候，也有人反映了以下几个问题：第一，自助缴费机反应速度慢，在使用时没有实现预想中的支付效率，有时还会出现扣款失败的情况；第二，自助缴费机在使用时忽然出现系统崩溃的情况，直接导致患者已缴纳的款项记录消失，即便后续可以通过系统修复与管理人员协助退款等方式来解决，但也为就诊者带来了较多麻烦。但如果将其替换为5G网络，上述这些现象出现的概率就会得到有效控制，因为5G网络的稳定性、可靠性都很好。

（5）智能门禁

智能门禁系统应用于洛阳市中心医院新建的智能化综合楼中，主要还是基于对医患双方的生命健康和安全的考虑。毕竟医院作为一个公共场所，每天前来就诊的人很多，如果单纯靠人工管理、监察很有可能出现疏漏，而这样就会使不法分子有钻空子的机会。

智能门禁系统就像一把功能强大的保护伞，最大限度地覆盖了综合楼的各个领域，特别是药品室、急诊抢救区、重症监护室等关键区域。智能门禁系统承担起了人员进出限制的责任，只有拥有权限的人才能在重要领域内走动，该系统会连接5G云服务平台，将所有危险因素都统统消除。

（6）智能叫号系统

当人们解决了排队挂号的难题后，洛阳市中心医院又开始筹备与智能叫号有关的工作。如果患者发现自己过号了需要重新排号，可以通过智能叫号机来完成，而无需再去找医务人员来解决，这种智能化处理系统可以根据不同时间段来选择叫号次数，即如果不是高峰期就会多呼叫几次患者。该系统有效提升了患者的就诊效率，也使医生能够更加轻松。

洛阳市中心医院除了在上述领域利用5G做出了改善、创新以外，还在远程复诊、健康知识智能普及等方面有所涉及，一切都是为了提高推进智慧医院建设的速度，提高患者的就诊效率和就诊质量。不过，5G与医院的融合注定是一条很漫长的路，想要成功完成转型就要加大在智能设备方面的投人，并做好对相关人员的培训，并增强对患者的帮助与引导。

第7章

未来教育：5G时代实现真正的因材施教

关于教育，美国哲学家富兰克林曾说："青年人的教育是国家的基石。"从这句话中，我们能感受到教育这一行业的重要性。我们借助5G技术，不仅要关注教育资源的覆盖范围，还要关注教学的质量。当前，常规的书本教学形式已经无法满足学生的需求，AR教学、科学分析等全新的教学模式愈发受到学生的欢迎，而因材施教也在5G时代得到了彻底的落实。

7.1 资源均衡：实景化远程开放课程实现教育资源均衡化

近年来，我国始终在致力于解决教育资源不均衡的问题，5G时代的到来能够为这一问题提供一些间接帮助，可以为教育资源比较贫乏的地区提供一些帮助。

由于不发达或欠发达地区的教育资源短缺，导致有许多孩子无法享受到与一线城市相同的教学水平，具体表现在专业师资力量不足、教育设备紧缺或落后等方面。这种差异程度较大的教育资源分配现状无疑会影响一部分孩子的成长，而支教的人数量又十分有限，且人员的变动比较频繁。为了解决这种供小于需的难题，5G应用下的远程教学模式就派上了用场。很多地区尽管缺少优秀的师资团队，但多媒体教室及相关智能设备的配置还算比较齐全，某些山区也通过接受捐赠、政府支援等形式获得了相关网络设备，这就达成了5G远程教学的基础条件。远程教育是怎样改善教育资源不均衡现象的呢？具体内容如图7-1所示。

图7-1 远程教育如何改善教育资源不均衡现象

（1）课程质量有保障

有的地区，许多家庭尽管拥有比较好的经济条件，但就像拿着满袋子的金银珠宝走在荒无人烟的沙漠中想要寻找水源一样，缺乏优秀的师资是提高教育质量一个客观阻碍。这是促使5G远程教育出现的原因之一，即拥有较强的商业潜力。当需求开始大规模出现时，就意味着新的商机来了，而那些教育机构往往不会错失这一大好时机。

那些拥有强大师资团队、教育能力明显超越教育不发达地区平均水平的机构，可以通过公平的交易来为有需求的人或学校提供高质量的教学资源。对那些希望孩子接受更好教育的家长或想要提高综合教学能力的学校来说，这种优质资源就是他们在沙漠中苦苦寻找的甜美水源。足够专业的教师讲解真的可以使学生受益匪浅，获得较明显的进步，因此，远程教育能够给予他们课程质量上的保障。

而从另一个角度来说，5G能够使远程视频的画质变得更加清晰。这不仅可以防止学生出现走神、发呆等情况，还能使学生更清晰地看到教师的动作、神情变化以及设备仪器的操作流程等。如果学生根本看不清教师在做什么，那么这堂课又有什么意义呢？

（2）教学网络较稳定

相较于以往的远程视频模式，5G的网络明显会更加稳定、时延也更低。这意味着学生们可以集中精神听完一堂远程课程，而不必受到视频等待加载、黑屏重连、画面断断续续等不利情况的影响。试想一下，如果你在打游戏的时候，三步一卡顿、五步一停滞，那你还能产生良好的游戏体验吗？哪怕是你在看电影的时候，不流畅的画面都会使你感到焦虑，更何况是每分每秒都十分宝贵的远程课堂呢？

如果按照以往的远程模式，可能学生上一秒还在听教师讲第一道题的计算思路，而当网络信号终于变好之后，学生会发现教师已经讲到了第三题，按照这个逻辑走下去，学生这一堂课可能还不如自学的效果好。5G网络环境在这一问题上提供了较大助力。

（3）师生互动氛围好

在5G远程视频出现之前，许多学生会通过网课教学形式来获取新知识，这种方式既有利也有弊。它的好处在于打破了地域的限制，无需与教师真正面对面，但其缺陷也恰恰在此，即缺乏足够的师生互动，许多学生很难跟上教师的思路，这对于学生来说，与人工智能机器人的授课形式相差不多。

5G远程教学模式则是“实打实”的教学互动，尽管师生双方不在同一间教室内，但学生却能够与教师进行正常的课堂互动。比方说教师会对学生进行提问，学生可以举手抢答，比起机械式的网课讲解，学生往往更容易沉浸到这种生动和谐的教学氛围中，更容易被教师所引导。

（4）全息投影更真实

5G与AR、VR等模拟技术的结合能够带给学生更真实的体验。这里指的真实有两层含义：一层是指能够更真实地感受到教师的存在，仿佛教师就在自己的身边走动、指导一样；而另一层则是指对某些场景的模拟，使书本中的内容活灵活现地展现出来。通过佩戴智能眼镜，学生可以随着教师的讲解而切换场景。在理想状态下，学生可以看到摇摆的花朵、汹涌的海浪等各种原本不会出现在传统教学课堂中的场景，这样无疑能够使学生更深刻地理解课本内容，也能够使学生的求知欲越来越强烈。

（5）学习效率变更高

在上述提到5G远程教学的四类内容都能有效提高学生的学习效率，这其中固然有优秀的教师在发挥重要作用，但区别于传统教学模式的智慧课堂也增添了不少助力。学生对于新事物的接受度非常高，也能够较快地适应5G远程教学模式，这些都能使学生更高效地汲取知识、掌握新的思维模式。

尽管由于种种原因的限制，如5G普及率、新老教学模式的转化与融合等导致5G远程教学目前只在部分城市进行了测试与应用，但就学生的整体反馈情况来看，该模式具备较强的适用性，对学生在学习方面的积极作用也很明显。目前，该模式还处于小范围试点与持续革新状态，但可以想象的是，该模式一旦走向成熟，教学资源均衡化的进程也会随之加快。

7.2 传授方式：AR虚拟课堂等手段实现课堂教学质量飞速提升

课堂是用来教授学生知识、拓宽学生视野的，因此，课堂往往也更需要、更能接受与先进技术之间的融合、应用。在5G出现之前，4G时代的课堂教学模式其实已经有了较大程度的改变，而在5G时代，无论是教师还是学生，都会感受到新技术带来的惊人影响。在本节，我们会着重介绍近年来在课堂知识传授方式上出现的升级革新内容。

现在的父母在青少年时期所感受到的课堂效果都是相似的，一块黑板、一根粉笔，再加上学校发放的书本资料等，这就是传统的教学模式。而随着4G智能时代的来临，投影仪、电子屏等工具开始陆陆续续上线，粉笔也逐渐被智能感应笔代替。教学方式的更迭不仅能够为学生提供质量更高的课堂教学，而且减少了粉笔灰尘掉落对于环境、人体的危害，智能化的技术手段更偏向于靠近绿色环保的方向。

对5G技术在课堂教学方面的应用来说，年纪尚小的孩子应该正好赶上来自新时代的教学变革。不过，由于他们没有过多地感受过传统课堂的教学效果，因此大多也不会觉得很新奇。然而，对那些有着传统课堂记忆的人们来说，他们非常明白这些新兴教学手段对孩子们未来发展的重要程度有多高。5G应用于课堂的代表性产物应该是AR虚拟课堂，除此之外还有一些其他的新型教学内容，下面我们就来分别对其进行分析，如图7-2所示。

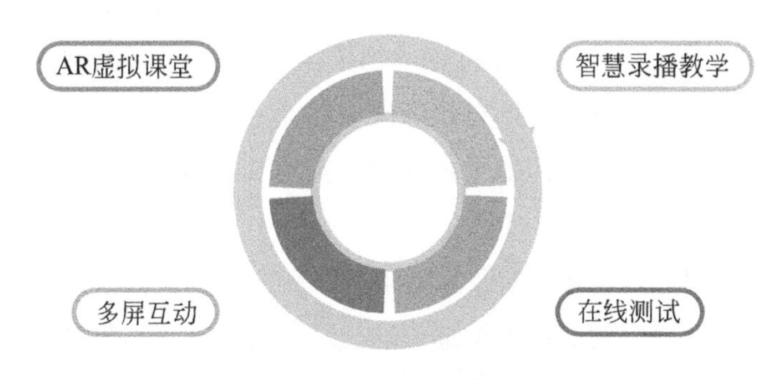

图7-2 5G应用下的新型教学方式

（1）AR虚拟课堂

AR虚拟课堂是当前最火热、讨论度最高的教学方式，在一线城市开始应用，但只有少数学校能够正式应用，其他多还处于测试、模拟的阶段。AR虚拟课堂当前不会像传统课堂一样广泛覆盖于每一堂课中，只在某些特定时间段才会启用，一方面有些课程无需采取虚拟课堂的方式，另一方面如果长时间佩戴AR眼镜对孩子的视力影响也不是很好。

不过，大多数孩子还是非常喜欢AR虚拟课堂这种教学模式的，因为该模式能够使他们进入一个生动形象的“新世界”中。这种教学方法有许多优势，具体内容如图7-3所示。

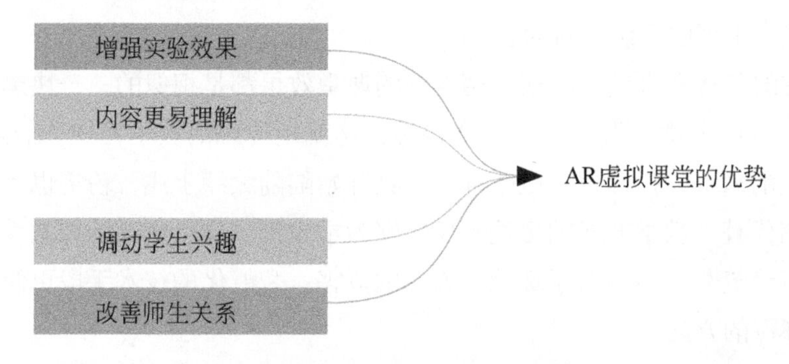

图7-3　AR虚拟课堂的优势

① 增强实验效果　AR适用于多门课程，对于化学、物理、生物等具备实验环节的课程来说尤为适合。首先，这种模式完全支持无实体设备式的实验操作教学，设备的减少不仅能够提高教师在授课时的便利性，而且可以使学生通过虚拟画面更清晰、更确切地感受到实验操作的某些关键点与细节变化。

就拿化学来说，酒精灯是化学课必不可少的教具，而AR技术可以取代实体酒精灯，教师通过肢体动作即可完成相关操作。另外，AR虚拟课堂与实验的结合还有另一个明显优势，即有效降低或消除了实验的风险。由于课堂实验而出现意外的案例并不少，但如果并没有对实物进行操作的话，这种风险隐患也就不存在了。

② 内容更易理解　AR虚拟课堂除了可以在实验模块中起到作用，在正常的教学过程中也可以应用。比方说地理这一门课程，在讲解地球运动、岩石构造等基础知识时，光靠地球仪或者平面图片、PPT等形式会使一部分学生很难

理解，即便播放视频也无法使这种情况从根本上得到改变。然而，如果让学生亲自浸入到地理环境中，他们会更好地理解相关知识内容，比起单纯的口述讲解或模具触碰效果要强得多。

③ 调动学生兴趣　无论是哪一年龄阶段的学生，下至小学生、上至大学生，这种游戏式的虚拟体验对他们来说都是很新奇的，有着强烈的吸引力。即便是那些不喜欢学习的孩子也会乐于参与这种教学模式，哪怕只是对一个实验操作的理解、对一个知识点的举一反三，都是值得肯定的进步，至少比抗拒学习的状态要好。

④ 改善师生关系　AR虚拟课堂的互动性很强，与常规的师生互动形式相比，课堂氛围有明显改善。浸入式的虚拟体验已经能够使学生的精神达到高度集中状态，而教师可以很轻松地对学生进行引导，在这种偏娱乐化、轻松化的教学环境中，很容易化解学生与教师之间的一些矛盾，师生关系会因此而改善。

（2）智慧录播教学

这种教学方式基于5G的高效数据传输能力与高清视频放映能力，另外还会应用到人工智能对数据的整合与分析。智慧录播教学也是一种新型教学方式，不过并没有AR虚拟课堂的知名度高，主要特征是教室中配备的多个智能屏幕，将5G与物联网结合打造出智能化、一体化的集中管理模式。

这种教学方式的优势在于脱离了固定、死板的教学环境，显著增强了师生之间的互动，可以通过智能投屏、多方协作等方式来实现。另外，其实时录制功能也可以使教师更好地归纳本次课程中存在问题的地方，以便于在下一次进行合理改善。

（3）多屏互动

多屏互动教学顾名思义即以智能屏幕为主体，其中包括比较常见的讲台大屏幕、平板电脑、智能手机等，这种方式需要借助5G网络环境的稳定支撑才能达到最佳效果。

比方说在计算机教室进行教学时，教师可以通过统一管理的形式将相关教学画面显示在学生的电脑屏幕中，5G可以连接多台设备，并且在理想状态下可以保证每一台被连接的设备画质都十分清晰，切换也比较流畅。这种方式可以提高教师的教学质量，并且能够减少学生在手写、抄录笔记时所耗费的时间，比方说教师在设备上写下的备注可以实时投放到学生使用的智能设备显示屏中。

（4）在线测试

课堂小测、课文默写、阶段考试等都是教师用来检验学生听课效果或知识掌握水平的手段，这一点是不能被智能技术改变的，题目测试始终是检验高质量教学效果的必要手段。不过，虽然课堂小测不可以被消除，但我们可以利用智能技术对其进行优化。

比方说学生可以在集中采买的智能设备上进行习题测试，而教师无须像传统的纸质化测试模式一样依次回收、批改试卷，完全可以通过系统进行统一管理，基本上可以达到当堂测试、当堂出结果的效果。这种方式能够使学生更快地得到反馈，而教师也能够将更多精力集中于错题讲解等方面，而不是将时间浪费在试卷整理、数据录入等低效工作中。

总体来说，5G使课堂教学方式进行了彻底的革新。尽管许多地方当前还没有深入应用这些新型教学方式，但或多或少也有所了解或在从边缘开始渗透、应用，这种改变需要循序渐进，因为还要考虑地区之间的差异与设备购置的成本等问题。不过，从总体上看，5G与新型教学的融合前景还是很值得我们期待的。

7.3 个性教育：基于科学分析的单独知识图谱与因材施教

我们常常将学生称作“祖国的花朵”，而这些花朵的成长速度、自身特性都是不同的，因此培育者在正常情况下一般不会以统一的方式对花朵进行栽培，而是会在分析了其各自的特点之后再进行分类培养。因材施教，几乎所有教育者都懂得这个道理，而现代科技只会将这个道理变得更加细化。

当你成为一名教师时，你会如何对你所教育的学生实施因材施教？是不是至少要了解每个孩子的性格特征、学习能力等基础因素？比方说提到学生A，教师会摇摇头表示这个孩子有很明显的学习天分，但对待学习却又比较粗心；但如果提到学生B，教师又会立刻在脑海中浮现出与这个孩子有关的关键词：擅长文史类学科，对理科常常感到应付不来，偏科比较严重。

头脑中产生的这种即时印象，其实就是知识图谱的潜在表现形式，具备清晰的连接点与线索感，涵盖了大量数据、信息内容，这些都是知识图谱存在的特征，是一种可视性极强的信息归纳方法。在教学领域，教师如果想要掌握学生在某个学科的具体学习情况，就可以通过构造学科知识图谱的形式来实现。举个例子，数学这门学科包含许多模块，如几何、代数、概率等。每个模块都会延伸出很多分支，数学老师可以根据这些内容去评测学生的知识掌握程度。

不过，这里涉及两个很棘手的问题：第一，构建整个学科的知识图谱是一项工作量非常繁重的工作，且某些信息点时不时会发生调整，这会耽误教师较多的时间；第二，即便教师做出了完整的学科知识图谱，但还要将其与学生进行匹配分析，如果单纯靠人工来完成，难度系数与烦琐程度会大大增加。但如果我们借助人工智能的力量，这些困难问题就可以得到有效解决了。互联网时代同时也是大数据时代，5G+AI可以辅助教师更好地完成对学生的教育工作，搭建步骤如图7-4所示。

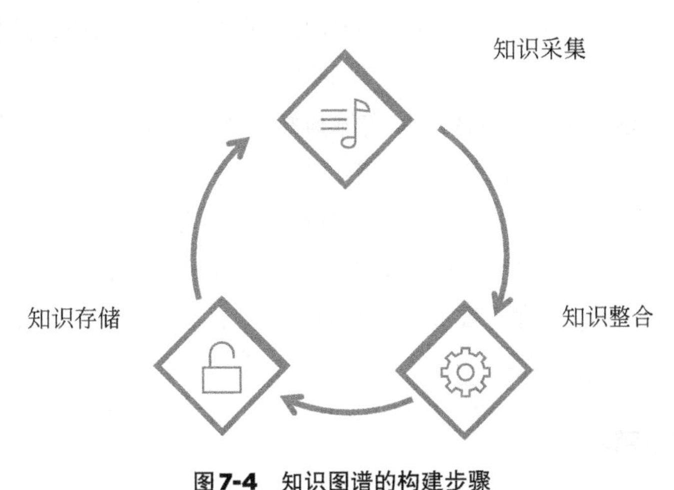

图7-4　知识图谱的构建步骤

（1）知识采集

知识采集是构建知识图谱的第一步，但要注意采集的选择性，不能将所有看到的数据都纳入采集范围内。教师利用智能化程度较高的机器，可以先对信息进行有效提取，其中涉及三种类型的提取。

① 实体抽取　实体抽取需要借助原本存储于学校系统中的知识库或其他数据类文件，利用人工智能技术从中抽取有意义的实体，如数学学科中的模块分类名等。实体抽取有时也会面对一些困难，多数都是由于没有统一规范所导致的。

② 关联提取　关联提取其实是在实体之间构建起联系的过程，这也是知识图谱的关键所在，即关联性、网状结构。这里需要的是深度学习能力，系统的工作任务就是将实体之间的关系建立起来，该方法可以有效分担人工搭建的大部分工作，并且能够较快地进行处理。

③ 属性选取　属性选取的定位同样需要锁定在实体内容中，不过这种提取会更加细致、更具针对性。比方说三角形的计算公式、等腰梯形的性质等。

（2）知识整合

知识采集的主要目的是将非结构化数据整理出来，如果将这些数据比作破碎的玻璃片或单独散落的拼图，那么这一步的工作就是将玻璃片一片片粘好，将拼图变成完整的图案。但是，对一块大型拼图来说，我们需要掌握一定技巧才能将其在规定时间内拼好，而不是一片片筛选再一片片放下，这样的话就过于浪费时间了。

在这里，我们需要利用系统将实体与知识库中的相关内容进行识别与对应，这样是为了防止被其他因素所影响，要尽可能增强其连接准确性，消除所有可能产生歧义的信息。此外，为了提高数据结构化的速度与质量，系统还要对实体进行智能推理与评测。评测的主要目的其实就是再次筛查、选取，就像拼图拼好之后我们还要看一看每个地方的细节是否有误一样，对某些没有意义的实体内容要果断将其剔除。

（3）知识存储

到了知识存储这一步，意味着知识图谱的构建已经基本趋于完整，我们很快就可以对其进行应用了。不过在那之前，我们要先将其存储起来，这样才能方便之后随时提取、使用。知识图谱的存储在当前主要包括两种方式，即资源描述框架与图数据库（图7-5）。这两种方式各有其存储特点，教师可以根据学科知识图谱的数据量多少来进行选择，一般调整时比较复杂、数据量较多的知识图谱，最好选择后一种存储方式。

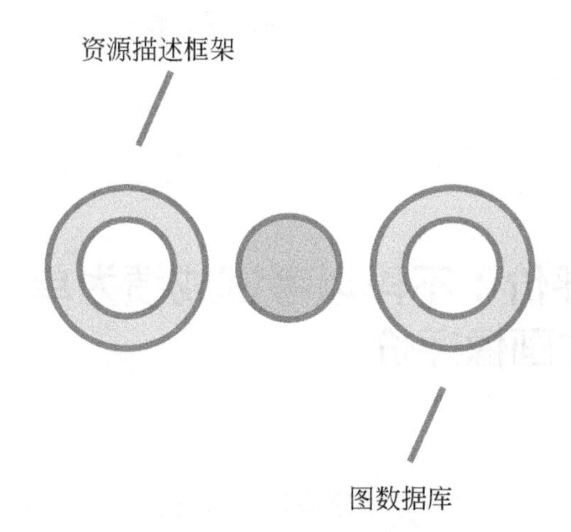

图7-5 知识图谱的存储方式

当知识图谱的构建步骤结束后，教师就可以进行下一个阶段的工作了，即根据学科知识图谱去分析学生的具体情况。人工智能在这里同样可以起到辅助教师进行分析的作用，并且在其中扮演的是主要角色，这就像流水线加工出来的盒饭一样，即便是操作再纯熟的工人在进行盒饭包装等操作时的效率也不会高于自动生产线。

当系统展现出可视化程度较强的分析结果后，教师就要将其传递给对应的学生，让学生更深入地明确自己的学习情况。要知道，许多学生对自己的学习认知都仅仅定位于某些大型模块中，常常会忽略一些细节点，而这些就成为他们在考试中常会出错的地方。如果没有数据齐全、连接准确的科目知识图谱，学生很有可能无法靠自己去发现那些学习中的不足之处，而单靠教师也无法做到对每一个学生的细小漏洞都了如指掌。因此，知识图谱已经成为错题册一样的存在。

最后，如果学生发现了自己的学科缺陷，却没有采取行动或不知道如何去改进，那么知识图谱对他们也是没有实际意义的。在这里，教师可以根据自己的教学经验与学生的个人情况去为其制定学习计划，或是直接将相关知识点的学习方法推荐给对方。

如果有了人工智能技术帮助的话，学生可以更好地掌握学习节奏，按照自己熟悉的模式来进行学习，因为人工智能可以借助数据分析能力来为学生提供帮助。总而言之，因材施教绝不能根据自己的个人想法来进行判断，必须有可供参考的真实依据，这样才能使学生找到最适合自己的学习方法，而不是采取不恰当的揠苗助长方法。

7.4 客观评价：不再以考试成绩为单一标准的完整学生画像评价

每个学生在自己的学习生涯中应该都听过这样一句话：德智体美劳全面发展。这句话被广泛传播，被每所学校都当作教育目标，其本质是为了让学生不被单纯束缚在成绩的框架中而忽略了在其他方面的正常发展。靠人工来对学生进行考评的时代很快就会成为过去，智能化系统将会成为新上任的“评价导师”。

成绩对学生来说重要吗？答案很显然是肯定的。学生的第一要务以及本职工作都是努力学习，这是学生来学校的主要目的。但教育会随着时代更迭而不断改变，只靠成绩来评判学生早已成为了一种刻板印象，不管是师生双方还是社会各界，都认同要对学生进行综合培养的教育理念。但是，即便是学生本身也不能客观地对自己进行评价，因此，许多学校都开始将关注点转向了人工智能这一新兴技术上面。

在4G时代，很多学生就已经处于“一卡通行”的生活中了，通过学校统一发放的电子卡，他们可以进行刷卡用餐、图书馆借还书、实验室借设备或做实验等正常的校园活动。这张卡中所存储的数据就成了人工智能分析学生信息的重要基础，我们可以从几个比较常见、对评价学生比较重要的方面来看一看人工智能在构建学生画像时的内容方向，如图7-6所示。

（1）学生科目成绩

教师不能单凭成绩去衡量一个人，但也不能因此而忽略成绩，认为成绩好坏对学生无关紧要，这是一种矫枉过正的思想。对于那些学习成绩在中等范围

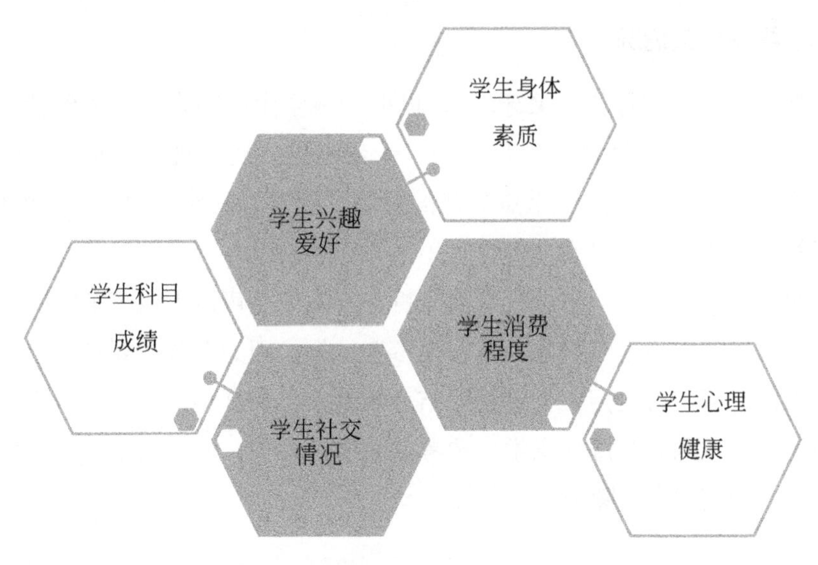

图7-6　人工智能构建学生画像时的常见要素

徘徊的学生，教师还是要努力通过各种方式去推动、鼓励他们提高自己的学习成绩。特别是对班主任来说，在自己所带的班级，应该对每个人的基本学习情况都有所了解，比方说A擅长文科，B的英语能力比较好之类的简单内容。

当前，许多学校在考试测评这方面借助了智能化系统的力量，比起传统的表格制作、纵向排名等形式，系统明显可以使其呈现方式变得更加多样化。如为每个单独学科或综合学科绘制相应的雷达图，其具备的可视化特点能够使学生一目了然，比起中规中矩的表格排列，这种雷达图显得更加直观，学生可以直接通过图片了解到在这次考试中哪一科占据优势，哪一科又拖了后腿。

（2）学生兴趣爱好

了解学生兴趣爱好也是很重要的，因为有些能力、技能往往是通过最初的爱好发展起来的。尽管有些学生不太擅长某些科目，或是整体的成绩都趋于中等，但他们却拥有自己独特的、闪闪发光的爱好。人工智能在这方面采集的数据主要来源于学生的一卡通，因为通过这张智能卡片，系统可以了解学生在学校中的行为轨迹，从而进行更客观的分析、评价。如某些学生喜欢体育运动，系统就会检测到他们通过一卡通借用体育器材的频率；某些学生喜欢唱歌跳舞，其参与的相关社团信息也会提供依据。

（3）学生社交情况

尽管学校常常被称作“象牙塔”，也很少有学生能够真正接触到社会，但正常的人际交往能力还是必须具备的。无论是过去还是现在，某些比较“孤僻”的学生都常常是班主任重点关注的对象，但对于其他小型社交圈的情况，班主任就很难全面掌握到了。

但如果通过人工智能来进行数据分析，班主任就可以大概了解哪些学生之间的关系比较好，不过这只能当作一个参考依据，因为系统主要是靠学生的行为轨迹相似性来进行判定，具体还要结合教师自己的观察。不过，这方面的内容一般不会被放到完整版、供学生参考的画像内容中，而是用来使教师更好地了解学生的社交能力、圈子大小。

（4）学生身体素质

近年来，国家教育部门不断加强对学生身体素质方面的关注，学生晨跑的规定、游泳项目的加入等内容就是基于此而诞生的。所以，学生的身体情况也是学生画像中的重点内容，身体素质太差容易影响到学生的正常学习状态，而对初中生来说，体育中考也是一项十分严峻的事情。

人工智能系统需要对学生的体检数据、体育成绩等信息进行分析，最后生成一份参考性较强、全方位的身体评估报告。某些学生不擅长跑步，某些学生血压有问题，班主任要予以重视，并及时与其监护人进行沟通。

（5）学生消费程度

某高校曾经出过这样一则新闻：根据学生一卡通在食堂的消费情况进行数据分析，以每日在食堂消费的金额与次数等来对其进行消费水平的衡量。如果根据系统判定及人工检测认为该学生属于贫困生的范围，学校就会定期向其卡中打款，这种方法既缓解了贫困生的用餐困难问题，也使学生的尊严得到了保护。

除此之外，某些初、高中学校也同样会通过系统分析学生在食堂、小卖部的消费，如果出现消费异常的情况，班主任就要及时去打探相关情况，不能让学生养成过度消费、相互攀比的不良习惯。还有些时候，如果学生遭遇校园暴力或被其他人勒索，其消费金额也会出现不正常的变化趋势。

（6）学生心理健康

我们一直都在说“注意学生的身心健康”，所以，身体与心理这两大要素都很重要，一个都不能忽略。不过，人工智能当前在校园心理问题方面的应用较少，尽管某些学校有开设心理辅导室，但由于涉及学生的隐私问题，因此校园卡一般不会显示这方面的信息。但如果从某些细节方面入手，也可以或多或少感受到学生的心理情况，比方说在图书馆借阅的图书类型，含有不安、焦虑等因素的比例有多少，如果比例过高就要对该学生予以关注了。

大数据时代，每个学生在各种行为活动中都会产生相应的数据信息，而这些就是推动人工智能与校园教育结合的因素。不过，尽管这类数据分析比较客观，也可以防止出现人工评价模式下被个人喜好影响的情况，但也不能仅凭借这些就使系统评价完全取代人为评价。毕竟学生是有个人思想、个人情感的，单靠机器或单靠人力都不是可行之计，只有将二者结合起来才能绘制出更完整的学生画像。无论如何，有了人工智能强大的数据分析功能，对学生的发展终究是有好处的，也可以使教师的工作压力得到缓解，因此我们还是要对与其相关的应用重视起来。

7.5 智慧校园：5G可为校园精细化运营管理带来的新变量

校园环境、校园管理情况向来是学生家长重点关注的方面，毕竟校园管理的水平直接关系到学生的安全问题，一旦出现意外事故，后果将不堪设想。每个学生都承载了家庭的希望，家长将学生送到学校中也是出于对其的信任。为了不辜负这份信任，为了使学生拥有美好的校园回忆，学校应该顺应时代潮流，对校园的运营管理模式进行革新。

我们知道，不管是小学还是大学，正常情况下学校需要管理的学生规模都不小，少则几百、上千，多则上万人。即便学校想要织一张“网”将所有人都覆盖上，这个难度也是很大的，单靠人工管理总会有疏漏之处。一卡通属于4G

时代的代表产物，而5G技术则会以更强势的姿态来守护校园。各类智慧程度较高的产品目前已经逐渐应用到了学校中，为校园的重要建筑物及其他内部区域加上了有形或无形的安全、效率保障，常见内容如图7-7所示。

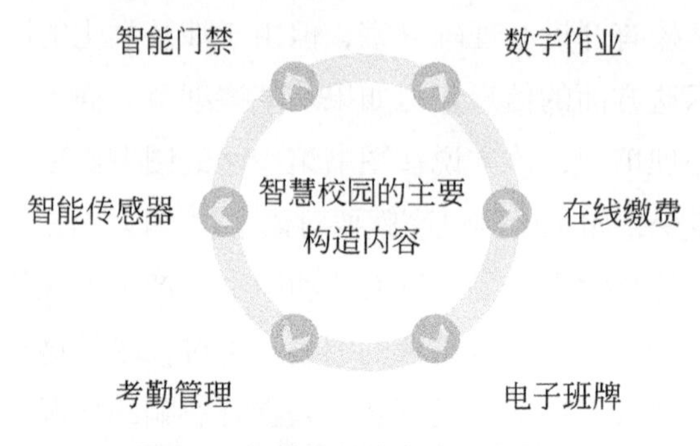

图7-7　智慧校园的主要构造内容

（1）智能门禁

校门是学生进入学校的入口，但其并不只是打开、关闭那么简单，如果将非本校人员或某些不法分子也一并放进来，校园安全将变得十分脆弱。过去，当没有权限、没有身份认证的陌生人员想要进入学校时，门卫一般会与对应人员沟通后令其登记个人信息，沟通无误后才允许其进入校园。但有些时候会出现如下情况：趁人多尾随进入、强行闯入、证件造假蒙混过关等。这些情况无一不带有强烈的风险隐患。

门禁问题成了校园安全的基础与关键，也呈现出了越来越高的市场价值。因此，智能门禁在反复测试后正式应用到了广大校园中。就如何高效管理人员出入这一棘手问题，智能门禁发挥了相当重要的作用，我们可以分别从学生、校园职工等内部人员与陌生访客这两个角度来进行介绍。

并不是所有穿本校校服的人都可以被信任，也不能单纯靠脸熟就直接放人，管理必须做到无差别式的公平、认真，才能保障校园安全。智能门禁会事先将学生、职工的信息导入到系统中，如姓名、照片等，这些人如果想要进出校园，可以通过面部识别、扫描证件等形式来实现。而对于那些非本校人员，他们可以通过提前预约、进行实名认证来获取系统权限，这样做一方面效率会高于现场核实、登记，另一方面也进一步降低了虚假信息带来的风险。简而言之，智能门禁的实用性很强，能够同时把握进出的安全与速度。

（2）智能传感器

尽管学校内部的大多数区域对于学生来说是安全的，但有时也会有小规模施工的情况，还有些区域周边配置了高压电器，对安全意识还未到成熟阶段的小学生来说，这些地点都是非常危险的。但是，学校不可能实行一对一跟踪模式，即便有摄像头存在，有些不安全的学生行为也很难被及时发现。此外，如果有外来人员“不走寻常路”，在特殊时间点如凌晨时分想要通过翻墙等方式进入校园，一旦成功，许多风险未知的事件就有可能发生。因此，智能传感器就成了一道将师生与危险领域隔离的关卡。学校需要在防守力量较弱的地方布上智能传感器，并要重视感知平台传递的信号，毕竟该设备功能再强大也只能预警，而不能真正长出手脚去阻止一些危险行为。通过对5G物联网技术的应用，传感器能够实现更大范围的监控，并能够即时感应、发送预警信号。

（3）考勤管理

学校会格外关注学生的考勤情况，不仅是因为这是个人纪律的体现，更有学校自身的考虑。有些提供校车接送服务的学校还好，对更多采用传统上下学模式的学校来说，某个学生缺勤了，一般在早自习或一节课以后，有些老师才会联络家长，而这时矛盾点就出现了：家长表示孩子在正常时间点去上学，而学校这边却没有看到学生。这种现象过去时有发生，但如果每天都将学生的到校情况发送给家长，整体流程又显得十分烦琐。

这种时候，就要用到学生专属的智能打卡设备了。某些需要手动签到的系统、App，常常会出现学生忘记打卡的情况，但如果在进出校门的时候就根据智能识别系统实现自动打卡，能够使师生双方都比较省心。另外，监护人可以通过系统即时查看孩子的到校情况，比起电话联络等传统方式要高效得多。

（4）数字作业

过去，只有计算机这一科目可以脱离纸质化教学模式；当前，有越来越多的学校开始慢慢推行无纸化作业、考试等教学形式。在理想状态下，学生们不必再背着满满一书包的卷子、习题册回去，只需要点开智能设备接收教师统一发布的当日作业内容即可。这种数字化管理模式有利于打造绿色校园，并且能够使学生省去不少麻烦，比如说记作业少记了一项，某张试卷忘在学校没带回家等。此外，教师也可以开启远程办公模式，有问题可以与学生直接在线上讨论，尽可能达到“今日事、今日毕”的教学效果。

（5）在线缴费

在许多人的记忆里，除了食堂可以进行在线充值、缴费以外，像学费、书费、校服费等正常的费用，往往都需要用现金来支付。无论是交给班委还是班主任，在涉及大额现金往来时，双方都会十分谨慎，如果现金丢失会变得异常麻烦。如今的智慧校园，在收取相应费用时几乎可以完全借助学校的在线缴费平台来实现，系统可以自动对金额进行汇总整理，能够使学校在费用管理这方面显著提速。

（6）电子班牌

电子班牌是智慧校园的代表物，也是5G技术与物联网应用的体现，通常会安置在每个班级的室内或室外墙面上。这块电子班牌都带有什么功能呢？过去，作为最后一个出教室的人，需要关灯、拉窗帘、关闭上课时用到的多媒体设备等，有时会出现检查存在疏漏的情况。现在，完全可以通过查看电子班牌来查看设备管理是否到位。并且，电子班牌也可以起到传递信息资讯、统计相关数据的作用，为班主任的日常工作提供了不少帮助。

当前的智慧校园还有许多有待完善的地方，5G网络下的物联网、云计算、人工智能等技术会一点点融入到校园的每一个角落、每一台设备中。传统校园管理模式下的各种弊端、烦琐流程将会被智能化管理所取代，线上操作将成为主流趋势，同时也会在校园内外牢牢树起一道坚固而安全的隐形城墙。

【案例】

AR化展现课本知识的谷歌Expedition教育平台

AR教学这种新型教学模式广受学生的欢迎，谷歌推出的智能AR产品Expedition在某段时期内成为人们讨论的热点。它的魔力在于不仅学生对其十分喜爱，即便是某些大人在使用后也产生了兴趣。Expedition究竟有哪些功能特色？又会对传统的课堂教育模式造成哪些影响或改变？在本节，我们会详细对其展开分析。

在7.2节中，我们了解了有关AR教学课堂的相关知识，而这款智能App尽管同样是一种AR化的展示，却又与AR课堂有一些区别之处。前者的模式相对固定，有场地上的局限性，如果孩子们摘掉AR眼镜、离开教室，那些形象生动的物体就会瞬间消失。如果学生想要再看一看某些AR场景，就要等待下一次的课堂教学。Expedition与其相比，又有哪些优势呢？如图7-8所示。

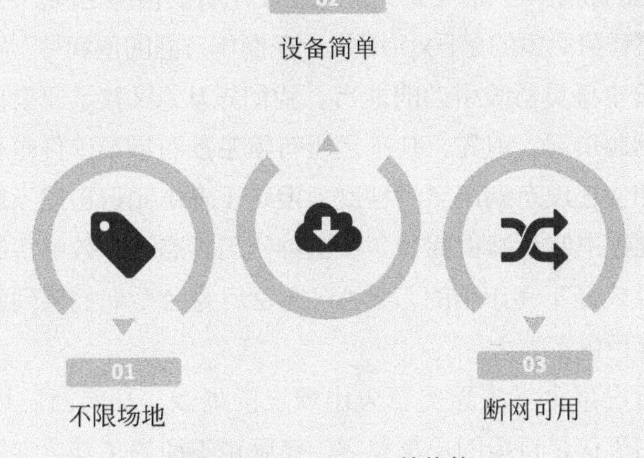

图7-8 Expedition的优势

（1）不限场地

比起AR教学课堂，Expedition完全可以不拘泥于那方方正正的教室，使用者可以前往更广阔的场地，比如说学校食堂、体育场、露天楼层等。学生无须再等到进入到固定场所之后能才能触发AR模式，而是可以更加随心所欲地观看AR场景。

（2）设备简单

正常的AR课堂教学都需要佩戴AR设备，而与Expedition配套的AR头显设备更加轻便，分辨率也得到了有效提高，能够看到真实度相当高的AR画面。此外，有些人佩戴AR设备时会产生不同程度的不适感，比如眩晕、眼睛疲劳等情况，而该款头显设备在镜片、佩戴装置上都做了适当的调整，比方说绑带的形式可以减少设备的压力与束缚感，并且能够自由进行调节。此外，在色差问题上，该款设备也进行了良好改进，学生可以拥有更加舒适的AR体验。

（3）断网可用

AR教学课堂对于网络的依赖性很强，但如果在室外环境中，由于特殊原因无法开启网络，但又想再尝试一下AR教学呢？如果在该系统中提前下载好部分AR场景，即便没有网络也可以直接进入到自己想体验的场景中，这无疑又扩大了使用者的自由空间。

上述优势更多的是Expedition在操作方面的便利性，下面再来说一说系统本身具备吸引力的地方。我们先从AR教学课堂模式下的两个集中问题讲起。首先，并不是所有学生都对学习这件事有好感，许多学生即便还没有到厌学的程度，但对于书本知识也提不起学习的兴趣，甚至连书本都懒得翻开。在这种学习状态下，教师传统的知识理论传授模式是不起作用的，而AR课堂尽管会令他们感到新奇，在有些时候作用也不太大。

比方说某个学生想要看火山爆发的场景，却对断层地貌不感兴趣，但由于这是班级的正常教学，老师也不能为了某个学生而改变教学方向。这就导致了学生只会抱着敷衍态度参与到教学环节中，该学习的知识仍然没有学到。

其次，AR教学课堂即便在教学形式上有所改变，但课堂时间一般还是正常的。如果临下课时教师刚刚选择了一个新的场景，但由于时间限制而无法继续让学生体验，很容易使学生在下一堂课时无法集中精神，仍然想着那个未完成的AR场景。这就直接影响了学生的正常听课质量，是一种不良的循环。

基于以上两点，Expedition对其进行了良好的解决。由于Expedition自身只是一款系统类产品，因此完全可以由学生自己设定想要体验的场景类型，并自由支配在AR场景中的体验时间。这其实就像学校组织春游与自己出去玩的差别一样，前者只能听从管理者的指导，即便在某个景区还没有玩够，也要立刻上车转向下一个地点。而后者就不同了，即便学生想坐在公园发呆一个小时也没有问题，正常情况下学生就是主导者，而非服从者。

Expedition应用到教学中，可以使书本中的文字或图片变得立体，它并不局限于某一科目，无论你喜欢文科还是理科，都可以看到自己想看的场景——Expedition的可应用性非常强。以地理这一科目来举例，你是否想象过在桌子上“召唤”出龙卷风的场景？是否想要体验一下身处宇宙的感觉？单靠口头讲解的话，学生或许只能机械化背诵与龙卷风有关的理论知识，即便从视频中可以看到龙卷风，也没有“实际”接触到龙卷风、近距离观察它的效果好。

如果你是一名文科生，并且对那些历史中提到的名胜古迹非常感兴趣，那么你也可以利用Expedition实现“足不出户去罗马”的特色体验。那些原本已经消逝在历史长河中的场景，或是相隔遥远无法去的地方，通过Expedition都可以体验。即便你突发奇想，想要看一看恐龙等只在图片中出现的生物，也是可以实现的。不过，Expedition还是更偏向理科一些，场景的生成更简单，学生也能更好地理解那些原本十分复杂的理科知识，比如细胞的构造、化学实验的操作、细胞分裂的过程等。

脱离了古板的课堂教育，图片脱离书本变成触手可及的现实，一棵树能够在教室的地面上快速生长，无数飞鸟从你的眼前飞过……别说学生，就连教师都不敢想象技术的进步可以对课堂教育造成如此巨大的颠覆。通常情况下，体验过这种3D立体式场景的学生都会较以往更快地吸收相关知识，特别是在学生可以自由选择场景的时候，即便其本身没有强烈的学习意识，在这种偏娱乐化的体验过程中也会或多或少掌握到一些新知识。

现如今，越来越多的企业开始研究与Expedition性质类似的产品，而市场中也确实出现了不少打着AR教学旗号的智能化设备。我们先不说这些产品的实际质量如何，单从市场的产品结构来看，人们对新型教育方式的需求还是很强烈的。在未来，死记硬背的纸质化教学模式将逐渐被改变，而更加贴合学生兴趣爱好、生动形象的AR式教学则会变成主流。

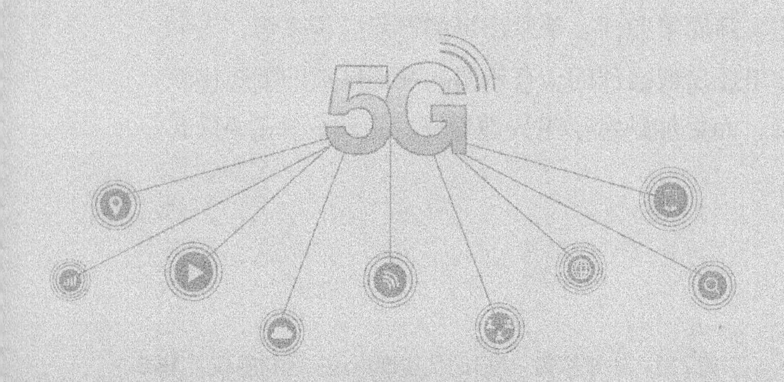

第8章

能源革命：5G与能源深度融合带来的新局面

能源紧张、环境污染……这些关键词曾经无数次出现在新闻报道中，即便是普通人也能意识到关于能源问题的严峻性。不过，有了5G技术的帮助之后，无论是能源开采还是能源应用，其效率、质量都有了飞速提升的趋势。各类新能源得到了深入利用，居民的用电环境也更加稳定，很少会出现大规模停电的情况。无论从哪个角度看，5G与能源领域的结合都是利大于弊的。

8.1 能源开采：更安全的能源开采与传输

5G的作用领域很广泛，几乎涵盖了每一个与社会发展息息相关的角落。普通居民对于能源的认知一般只是表面的，而5G能为能源的开发与传输带来哪些影响，大多数人就不得而知了。事实上，5G与能源领域的融合不仅进一步提高了我们的生活质量，并且对一批以能源开采为主要工作的人来说，无异于是一个福音。

如果对能源开采这件事进行客观评价，那么其利弊一般是对半分的。站在社会甚至整个世界的角度，能源是维持我们正常生活的必备条件，所起到的作用就像手机的电池一样重要。但我们在享受充足能源带来的便利时，也不要忘记这些能源并不是自己长腿跑出来的，它们并不像树上的果子，伸伸手或搬一个梯子就能轻而易举地拿到。

煤炭曾经被人们称为“黑色的金子”，从这一称号中我们就能感受到煤炭资源的受重视程度。煤炭的应用范围在不断地扩大，最常见、耗用量最大的一种用途就是利用煤炭来发电。如果没有电能的存在，不要说高速上网、打游戏，我们连基础的照明都很难拥有。随手开关灯、拿起手机接通电话等行为已经成为我们的正常反应，而这一切“正常”现象的背后，都要归功于矿物能源源源不断的供应，而这就涉及我们说到的与矿物开采积极之处相对立的那一面。

每年我们都能看到不少与煤矿有关的事故新闻。大多数采矿工人都需要长时间待在环境恶劣的井下，即便是露天采矿，也有着较高的危险性。这是没有接触过这一行业的普通人很难感受得到的：火药的储存可能有爆炸的风险、排土场出现的塌陷事故、长期作业吸入粉尘对身体造成的损害……这些都是采矿工人在工作过程中常会遇到的重大问题。时代进步的体现不仅仅是技术的发展，也包括技术对于那些危险领域能够做出的改善。

我们之所以说5G是采矿工人的福音，正是因为它能够确实减少那些不利因素出现的概率，甚至能够逐渐将其消除。怎样才能使采矿工人最大可能地避开那些危险事故？当然是远离最大的危险源。在5G的支持下，采矿工人工作的环境质量与安全性有了较大程度的提高，具体内容如图8-1所示。

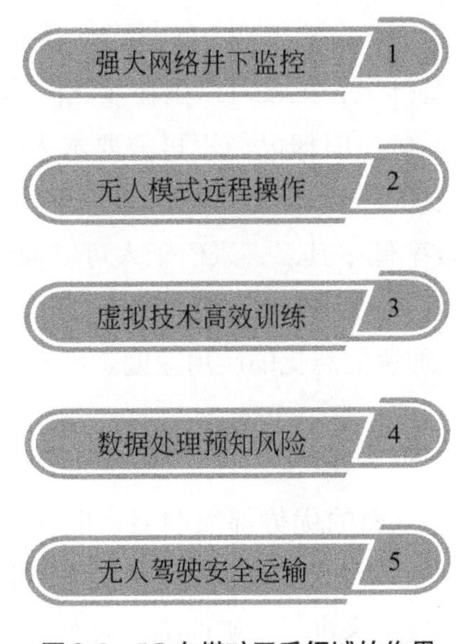

图8-1 5G在煤矿开采领域的作用

（1）强大网络井下监控

与露天矿区作业相比，井下环境往往更加恶劣，风险系数要比露天模式高出不少。因此，对井下环境的监控就变得异常重要，但在过去，无法达成的条件会对这一想法的实施造成不少限制。井下属于封闭的环境，这对于网络信号来说是一个较大的考验，4G通常不能很好地支持摄像设备在井下的正常拍摄，但5G却能够支持。

有了5G网络的覆盖之后，管理员能够比较清晰地看到工人的一举一动，并能根据显示屏中的画面来查看井下环境是否安全、是否需要增派人手前去救援等。5G的强大信号传输能力提高了井下工人在工作时的安全保障，即便遇到了矿井事故，其救援效率也会较过去高许多。

（2）无人模式远程操作

尽管露天采矿发生事故的概率要小于井下作业，但也不能因此而对该领域的风险视而不见、不做改善。要知道，露天采矿可能遭遇的爆炸、高空坠物、坍塌等事故都会直接对工人的生命安全造成威胁，而长时间接触恶劣环境也会对身体健康造成不可逆转的影响。因此，越来越多的大型矿区开始向无人模式发展，采矿工人实现了从在矿区作业到即便与矿区距离遥远也能进行远程操作的巨大转变。

在应用了5G网络的基础上，工人可以坐在按照同等比例打造的操作台上，操作模式也与以往相差不多，但却已经不再需要本人亲自到场。这种远程模式，其一，有智能化系统的支持，系统可以自动处理数据并进行智能判定，并不会比过去的作业模式效率低；其二，采矿工人可以彻底远离危险环境，不必再受粉尘等有害因素的危害。这种无人模式当前作用于大型露天矿区的比较多，而小型露天矿区也在加快信息化的应用速度。

（3）虚拟技术高效训练

智慧矿山尽管在各个方面的优势都很明显，但毕竟是一次作业模式的变革，各种设备、系统的配置以及人员的安排都不是短时间内就可以做好的。但是，利用AR、VR等虚拟技术来进行采矿训练，大多数矿区都可以完成。

要知道，即便日后矿区的主流趋势是无人模式，但工人也仍需具备较强的实践能力以及处理意外情况的能力，因此，对工人的实操训练依然必不可少。通过虚拟技术，采矿工人可以模拟一系列在矿区中的行为活动，同时又能够避免在真正环境中实际操作的风险并降低设备损耗的程度，是一种成本相对低廉且效率较高的训练方法。

（4）数据处理预知风险

智慧矿山既然带有“智慧”一词，就意味着其应用的相关系统也具备较强的自主性。通过利用云网融合、人工智能等技术，系统可以高效采集、接收、处理数据，并在此基础上做出精准的分析、判断，能够对各类重大事故的预测起到辅助作用。此外，智能化系统还可以根据数据推算出其认为的解决风险的最优方案，管理人员可以将其当作一个可信度较高的参考文件来看。

（5）无人驾驶安全运输

矿区运输工作其实也带有较强的风险隐患，包括运输不安全的货品容易引发爆炸、运输距离较长容易出现疲劳、出现自然灾害无法及时躲避等。如果将无人驾驶技术用于矿区运输领域，或许上述这些问题就可以得到有效解决。

矿区对于无人驾驶车辆来说障碍相对较少，且其本身具备精准定位、监测预警、应对突发情况等功能，还避免了人为驾驶可能出现的违规操作。尽管通过无人驾驶车辆在矿区进行运输的实际应用还不是很多，但其可实施性还是很强的，通过5G、车联网技术的持续进步，露天矿区的运输也会向智能化领域进军。

就上述提到的这些内容而言，5G能够为能源开采带来诸多优势，不仅能够提高能源开采的效率，还能使这些传统的危险行业变得更加安全。无论如何，减少人员伤亡、实现安全作业，永远都是应该被放在首要位置上的。

8.2 再生能源：5G解决新能源发电两大核心问题的基本路径

可再生能源即能够被高效利用而不会担心其出现枯竭的能源，如风能、太阳能等。这些能源对于人类来说是宝贵的财富，且相对来说比较清洁，对环境造成的污染程度较低，所以人类社会对这类新能源的利用率也在逐渐提高。不过，每个新模式的尝试过程中都会遇到一些问题，新能源发电也不例外。

如果将新能源比作液体饮料，那么电网就是用来承载这些饮料的杯子，两大要素相互依赖、缺一不可。我们已经对前者有所了解，下面就再来介绍同样起到关键作用的电网。电网，其实就是电能中转站，主要负责对电能进行合理调度，其涵盖的三大构成要素会对新能源发电造成影响，要素内容如图8-2所示。

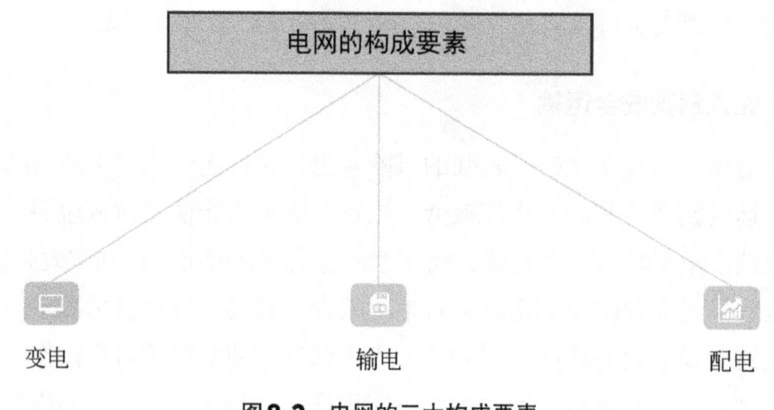

图8-2　电网的三大构成要素

（1）变电

在变电环节主要需要的是变压器，工作内容是对电压进行由高至低或由低至高的改变。变电必须在不同场景下进行相应的改变，而不能毫无规律，灵活、合理的变电可以有效降低在设备方面的损耗，并能使用户在用电时更加安全。

（2）输电

顾名思义，输电即对电能的传输过程，能够实现远距离的电能输送。然而，由于人们在用电需求方面越来越大，输电通道也需要进行扩建，而新能源、5G的加入使输电方式也需要进行调整。

（3）配电

我们可以将输电与配电这两个容易被混淆的概念放到物流场景中来理解，输电即将电能进行转移、运输，而配电则意味着要将电能与用户联系起来，直接传递到用户那里。配电同样是比较关键的一环，其稳定程度直接决定了用户在用电方面的体验感。

可以说，这三大要素在正常模式下需要高效地循环运作才能进行正常的发电。而新能源的到来就像一个新配件，原有的设备水平不能很好地与新配件进行协同工作，发电效果也会因此受到影响，这是新能源发电模式下遇到的第一个棘手问题。不过不必担心，因为5G也能够为电网提供支持，会为这三大要素赋予新的功能，并在原有基础上提高其发电能力。

尽管新能源存在较好的可利用优势，但如果应用到发电领域，其缺陷就比较明显了。比方说利用风能资源来发电，其间歇性特征会对电网造成较大影响，而太阳能、潮汐能等同样如此，皆存在不太稳定的问题。因此，我们需要就这一情况对电网进行改造，将5G与其三大要素结合在一起，目的是提高整体的发电稳定性，具体方法如图8-3所示。

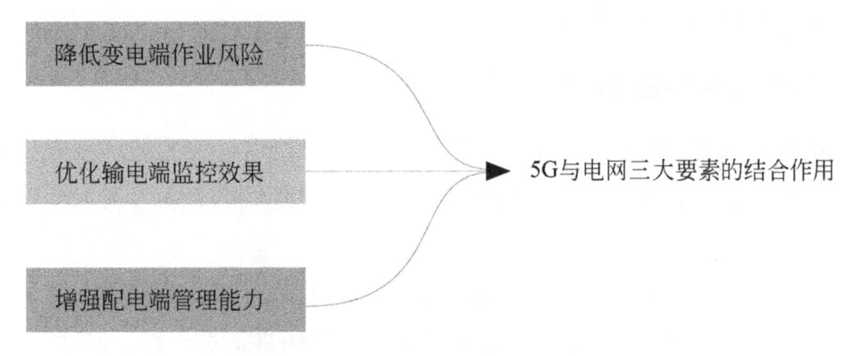

图8-3　5G在电网三大要素方面的作用

（1）降低变电端作业风险

变电站的主要工作是完成对电压的转换，周边的各类建筑设施都要靠变电站才能完成日常运作，因此，变电站在供电方面有着重要的影响。变电站的工作人员也肩负着比较重的责任。

多数变电站都需要以三班倒的形式派值班人员进行24小时的全程值守，其目的是为了保证变电站设备正常、安全地运行，检查内容包括指针是否正常、温度是否合适、是否有异常动静等。但是，新能源发电模式会较过去更加不稳定，即设备出现故障的情况会更频繁，值班人员的巡检次数、时间会相应增加。

对值夜班的人来说，这种改变既会加重其工作负担，也会使其巡检、维护的效率有所下降，而5G技术下的巡检机器人就派上了用场。就现阶段的机器人功能来说，它们可以完成精准的仪表识别，对异常的温度、气体都能做到即时感应。工作人员可以让它们自行巡检，也可以对其进行远程操控下达指令，这类机器人可以迅速发出预警信号使工作人员感应到，这就直接降低了变电站出现设备故障却无法及时察觉、修复的风险。

（2）优化输电端监控效果

基于输电端在整体电网中所占的重要位置，为了保证输电效果，5G也要提高在输电端的应用能力。5G的高传输速率与低时延优势使其可以在输电端完成对传输通道的监视，这种可视化技术在过去是无法实现的，因为其对于网速与画质都有着较高的要求。另外，5G无人机、智能巡检机也可以发挥对输电端线路通道的监控功能，特别是无人机的作用范围会更大，工作人员对输电通道的监控效果也会得到进一步优化。

（3）增强配电端管理能力

配电端必须要进行精准化管理，就像包裹必须准时、完整地送到收货人手中一样，如果由于新能源问题使相关区域的供电出现问题，就会对人们的正常用电造成影响。

就这一问题，5G利用其超高速响应的优势可以在区域出现故障时，迅速对故障地点进行定位并进行隔离。这就好比在抑制病毒扩散一样，5G系统可以迅速带上“武器”将“病毒”控制住。这样就能最大限度地降低周边区域受到“感染”的可能性，也能使工作人员在进行紧急维护时的工作量更小、效率更高。过去，配电端与通信系统的联系并不多，完全是因为新能源发电的出现才使其传统模式发生了改变。

这是新能源发电的第一个棘手问题，也是比较主要的问题，而第二个棘手问题则涉及了配电端在配电网络方面的改变。

在4G时代，配电网络以无源网络为主体模式，该网络的主要特征是不依赖于电力驱动设备，而配电网在新能源发电环境下转向有源网络则与其相反，即十分依赖电力驱动设备。当电能需求、供电力度需要提高时，结构比较复杂的有源网络就可以发挥作用了。不过，尽管有源网络的使用可以加强配电端的工作效率，但其对于电力驱动设备的过度依赖也是一种风险隐患，在之后还需要随着技术革新而慢慢调整。

在5G技术加持下，我们在日常生活中遇到某些电力问题，无论是大规模的还是小规模的，要相信工作人员解决问题的效率会高于4G时代，且供电出现故障的情况也会逐渐减少。新能源发电可以提高对新能源资源的高效利用，也催生出了一批与新能源有关的产业，这是一条还需要持续改进的长远发展之路，我们要将每一步都走得踏实，循序渐进地去探索。

8.3 电网通信：直达家庭层级的分布式用电监测、分析与管理

即便新能源发电的形式已经逐渐得到了深入应用、管理，但这并不意味着电网能够始终保持良好的状态。电网之所以被称为“网”，是因为其覆盖广泛，可以覆盖整个大型城市。管理一条街、一个区的难度并不算大，但如果是一整个城市呢？在应用5G技术的情况下，电网通信其实是一件很巧妙的事情，因为它既要大到管理城市的用电情况，也会小到定位某个用户家庭是否存在用电异常的现象。

电网通信的关键就在于双向的信息传递，这也是应用5G技术的电网与常规电网的主要区别之一，即对每一个细小的电网节点都要监测到位，重在信息之间的交流与碰撞。智能电网讲求信息的集成性，就像班主任要了解班级内的每一个学生一样，如果想要将班级管理到位，避免出现差错，就不能遗漏任何一个人——但是全靠人工是很难实现的，而电网监管不力的影响则要比班级管理大得多。因此，必须对用户的用电进行三步式高效管理，如图8-4所示。

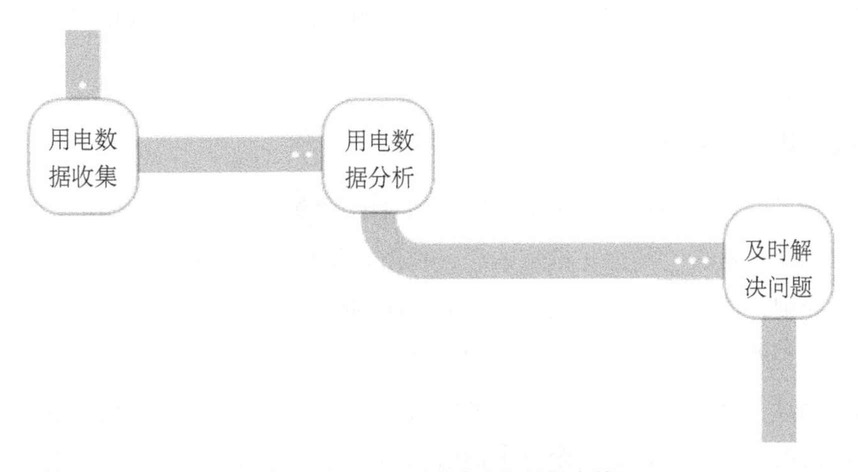

图8-4　电网通信对家庭层级的用电管理

（1）用电数据收集

发现问题的第一步，就是充分收集数据，从根本上提高对用户的监测力度。传统的用电数据收集方式是通过系统对电表数据进行采集，并通过控制器进行远距离传输，使电力公司可以接收到相关的数据信息。而当前，新型电网模式又在此基础上增加了新的数据采集设备，主要包括以下几类：

① 智能电表　智能电表是电力公司进行数据采集工作的关键工具，是一个非常重要的载体。如果没有智能电表的存在，即便是技术再先进的数据采集系统也没有明确的采集方向。

智能电表无论是对用户还是对电力公司来说都是一个便利的设备。其与传统电表最大的区别就是电网通信功能的植入。用户可以通过智能电表及时了解到家庭用电的精准情况，而电力公司则能够借助其自带的智能计量系统来及时获得用户的用电信息，从而可以更好地调控电网，实现电网与分布式电源的相互适配。

② 智能传感器　应用于电网的智能传感器可以及时感应到与电路有关的各种异常情况，并将信息迅速回传到相应的监控平台上，这种信息感知力归功于对5G和物联网的应用。打个比方，如果你在用电时出现操作不当的情况，引发了电流的异常变化，监控平台将会立刻感知到。这就是信息收集的重要作用，能够避免出现更大的用电问题。

③ 专变采集终端　专变采集终端的作用与上述两类设备相似，同样需要与智能电表搭配使用，能够实时采集用户的用电信息，也能实现信息的迅速传递。另外，该设备还可以检测电能的质量。

（2）用电数据分析

拥有了多种能够高效采集用户用电信息的智能设备之后，电力公司及相关监控机构就要从这些数据、信息入手，利用智能化系统对其进行迅速、准确的剖析，否则，这些被收集来的信息将无法起到任何实际作用。就像我们在上述内容中提到的电流急剧增加情况，这就是一个信息，而接收到信息之后系统会为该信息打上危险标志，这就是一种辅助分析——电力公司每天要接收的数据是数不清的，靠工作人员一个一个筛选无异于是在将供电风险放大。就数据分析这方面，主要包括以下几项内容，如图8-5所示。

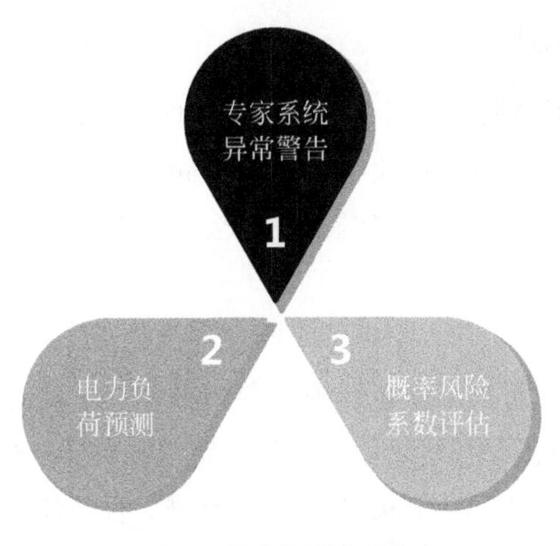

图8-5　用电数据分析内容

① 专家系统异常警告　从专家系统这个名字上，我们就能感受到其在数据分析方面的可靠性。这个“专家”的主要作用就是在各种类型的用电数据中快速进行筛选、检测，就像流水线作业自动剔除坏掉的材料一样，其目标就是发现那些非正常状态的用电信息，并在判断后迅速向工作人员发出警报。

如果没有专家系统的辅助，工作人员很有可能由于判断失误或未能及时察觉隐藏在信息堆中的异常情况，使某个家庭用户或街边小餐馆出现用电事故，这是我们不希望出现的局面。因此，依靠专家系统来进行数据分析是再好不过的，其自动化水平能够将许多风险隐患及时扼杀。

② 电力负荷预测　我们可以将电力负荷想象成一个背着货物的人，这个人只有在货物背负情况良好的情况下才能平稳前行，如果其负重量越来越大，行进速度就会慢慢降低，严重时还会直接“撂担子”。这么形容的话，你是否能够了解对电力负荷相关数据进行预测的重要性？因此，电力公司需要对电力负荷的走势进行远程分析、预测，且其受影响因素比较多，如气温过高、不规范的用电行为等都会导致电力负荷出现异常波动。

③ 概率风险系数评估　当我们想要去推测一件事可能出现的概率时，首先要建立一个平均指标。比方说在打游戏时，常规模式下十局中有七局是获胜的，我们就可以根据这个数据去推导下一次的战局情况，反之同样如此。而电网明显要比打游戏面临更多、更强的风险事件，及时对电网进行概率风险系数的评估就成了一项必要工作。

（3）及时解决问题

收集数据、分析数据，这两个步骤的重要性都很强，如果没有它们的良好铺垫，电力公司也不能及时解决各类风险问题。但同样的，如果前期工作做得非常好，但在最后一步却掉了链子，那么一整套循环过程几乎等同于毫无效果。

收集数据是为了使工作人员能够对问题进行定位，分析数据则是为了帮助其更好地完成决策。而各类预警系统的存在更说明了及时解决问题的意义所在。在过去，由于智能化技术还没有达到一定水平，导致有些用户的用电情况无法被及时感知、传递。但在5G进程逐渐推进、各项新兴技术随之崛起的当前，电力公司的问题察觉能力已经较之前提高了太多，如果在这样的有利环境下还不能提高电网监测、管理的最终效果，那就说不过去了。

通过对电网数据管理几大步骤的介绍，你是否能够感觉到通信系统在电网领域的重要性以及为电网监测活动提供的帮助？这一项优势的受益者范围很广，所有用电的人都涵盖在其中，电力公司的员工也不例外，且其往往需要承担更大的工作负担。加强电网的管理质量，深入每一个看似微小的领域，无论是供电还是用电，都可以更加安全。

8.4 智能电网：电网智能自动化配电与精准负荷控制

如果说传统电网模式是一艘只具备基本航行能力的船，那么智能电网就是装备齐全、能够与其他领域迅速建立通信连接的成熟型船只，这二者在外观、体型上可能没有太大区别，但其核心功能的实用性差距却很大。本节我们会对智能电网这一新概念进行介绍，并会着重阐述其所具备的两大重要作用。

物品或设备是否被赋予了智能化的属性，这一点非常重要。没有被智能化的物件仍属于前一时代，反之，拥有了智能的物件，就等同于为空壳安装了一个能够自我思考、判断的大脑。智能电网的革新点在于能够更加高效地连接、管理所有用户，这使其在接下来完成自动化配电的操作会方便许多。

什么是自动化配电？简单来说，自动化配电的关键在于实时监测与信息互动这两个点上。如果将电网比作某个王国的掌权者，那么传统电网与其在管理自己所拥有的“王国领域”时会出现如下区别：前者重在时常亲自去进行巡视，但经常会有顾及不到的地方；而后者更习惯于将所有居民的动向、生活状况等情报掌握在手里，一旦发现某个居民出现了一些异常，就会立刻派下属去进行处理。自动化配电根据应用场景的不同还会分为几种类型，如图8-6所示。

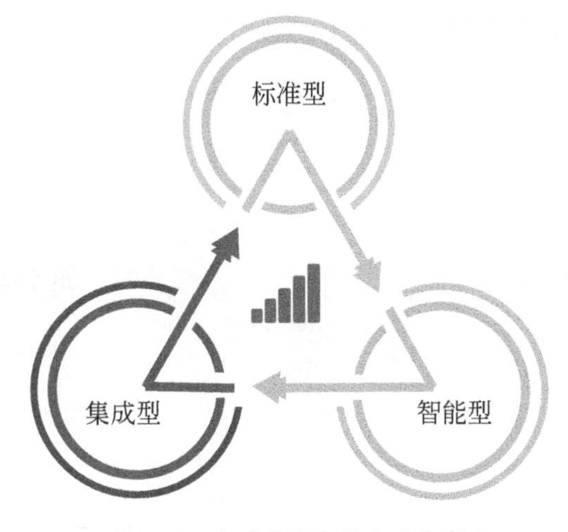

图8-6　自动化配电的主要分类

（1）标准型

标准型是自动化配电在当前应用比较广泛的一种类型，尽管其智能化程度还未达到成熟条件，只能说处于刚刚起步的阶段，但相较于传统电网，其基础的智能化效果就已经很好了。标准型的创新点在于对电网通信功能的应用，不过资金投入相对来说也会更高一些。

（2）集成型

集成型的各项功能优势都要略高于标准型，从其名称上就可以看出这种自动化配电类型的重点：对数据、信息的集成。标准型重在对用电信息进行采集与传递，而集成型的工作重心则在于将这些信息接收过来，为后续过程中更加重要的工作做铺垫。

（3）智能型

智能型的智能化程度在现阶段是最高的，其功能、作用与其他类型相比会更加丰富、实用，其自动化能力无论是对电网管理还是防范危险方面都有着显著贡献。此外，智能型在应用通信系统方面能力也会变得更强大，更看重信息之间的互动交流。

自动化配电听起来似乎只能起到简单的指导作用，但实际上，自动化配电的作用非常多，而且其涵盖的系统架构也非常复杂。下面，我们就来分析一下自动化配电主要具备哪些功能，如图8-7所示。

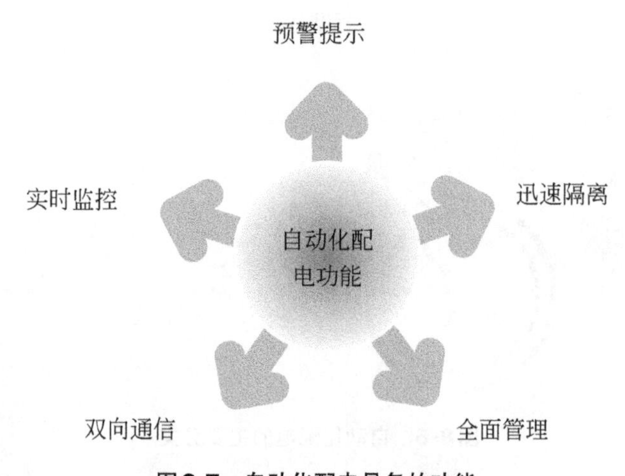

图8-7　自动化配电具备的功能

（1）实时监控

配电网无论是过去还是当前，其需要面临的风险情况并不算少，常出现的配电网故障情况如设备烧损、意外断电等，有些是人为原因，有些是特殊原因。停电这件事并不算少见，但范围过大、维修时间过长并不是一个好现象，因此，自动化配电需要从源头来解决这个问题，即增强实时监控能力。监控无论放在哪个领域都非常重要，监控系统是后续一系列操作的基础，而5G的低时延优势也在这里提供了重要帮助。

（2）预警提示

如果系统在集成信息中能够检测出某些异常状态，就会立刻发出警报信号。不过，自动化配电系统的智能性不仅仅体现在此，比起人工维修、处理，系统会根据智能判定先进行自主修复。自动化配电的预警提示功能优势在于能够使配电出现故障的概率降到最低，比起出现故障以后再进行处理，在即将出现或有了异常状态的苗头时就将所有风险扼杀掉，这一操作无疑比前者要更加高效。

（3）迅速隔离

其实这几项功能是具有连贯性的，从信息监控到发出警报，再到这一步的合理应对，每个环节都环环相扣。就迅速隔离这一点而言，它是自动化配电的关键，即一旦出现故障问题，自动化配电会尽可能地将配电故障所影响的范围缩小，将其风险系数降低。

这就等同于当某个持有危险刀具的人出现在大街上时，通过预警，管理者要迅速将其监管起来，如果动作过慢或缺乏管治条件，很有可能伤害到街上的其他人。自动化配电系统的优势就在于较过去而言能够更快地处理故障问题，使停电时间变短、供电稳定性变强。

（4）双向通信

既然自动化配电的创新点在于通信系统的加入，那么这一新增功能一定是有意义的。过去，用户一般只会关注一些基础的用电信息，而并不注重与电力公司之间的沟通，也不会过多地关注与电网状况有关的信息。而电力公司同样也是如此，它们的工作侧重点在于用电情况、配电安全，而并不是用户本身。不过当前，无论是由于技术的推动还是业务上的复杂性，双方都需要有新的展望，增强双向通信能力已经成为未来的必要事项。

（5）全面管理

自动化配电就像一个需要对各方面都照顾到位的管家，不仅要着眼于基础的供电活动，还要对配电设备进行定期的管理与维护，并且要重视用户的体验感。比方说在停电时，自动化配电系统需要及时处理来自用户的信息，根据用户反馈的故障情况迅速做出反应，制定最优解决方案。

除自动化配电以外，我们还要了解一下在8.3节中简单提及的电力负荷问题。在智能电网中，电力负荷需要由传统模式下的单向管理变成双向沟通，也就是说，如果想要精准把控电力负荷，就必须使广大用户群体也参与进来。电力负荷曲线在高峰或低谷期时都会出现程度较大的波动，这样会使供电成本增加，对哪一方来说都是不利的。

因此，如何让曲线波动出现的频率变低，如何控制曲线波动幅度，就变成了一个棘手的问题。除了要增加双方的沟通效率以外，还要采用5G覆盖下的控制系统，目的是防止由于负荷控制不到位而产生大面积停电的严重后果。该控制系统能够及时监测到负荷过高的异常情况，并立刻对其进行自主调节，管理人员通常会在某些事故高发季（如夏季，气温炎热、用电需求强烈）更加重视系统给出的信息反馈。

智能电网的自主性得益于技术的进步，而受益者则是每一个人，没有人可以与电力分开。因此，用户不能将自己当作局外人，而是应该联合电力公司及相关组织，共同打造一个安全、稳定的供电环境。

8.5 边缘计算：通过部署边缘计算实现油、气远程监测

在2.5节中，我们已经对边缘计算这一概念进行了详细阐述，其所具备的重要特点就是能够最大限度地提高自身的反应速度，以智能化的手段去帮助人们解决某些问题。边缘计算的适用场景比较多样化，将其应用于能源领域也可以发挥较为强大的作用，可以通过边缘计算的部署来实现对油、气的远程监测，目的是为了更高效地开发、利用油气资源。

边缘计算在能源领域中究竟担任着什么样的职责，我们可以借九江石化这一国内知名的石化产品生产公司为例，来探讨一下这个问题的答案。

九江石化自1980年创立开始，经历了无数的风风雨雨，也已经有了40年的经营历史。作为一个需要长期供应油气产品、常年与原油加工打交道的公司，能够坚持到现在且依然在市场中有一定的地位，就意味着其一定有着值得借鉴的经营手段。但其实，九江石化在过去也曾经经历过一段连年亏损的艰难时期，其背后的管理团队深知，如果不能果断做出改变、推动其转型发展的

话，九江石化不要说继续发展，连维持生存都很难。

为了找到突破口、扭亏为盈，九江石化顺应时代发展，建立了智能工厂，并不断添置、更新各类智能化的设备。事实证明，正是这一改变成功将九江石化从困境中拯救了出来，无论是石化产品的产出率还是利润数据都在不断提升。

但是，在尚未应用边缘计算之前，智能工厂中承担着数据处理职责的云平台无疑需要担负不小的压力，如果工厂出现断网断电、管道破裂等突发情况的话，仅依靠云平台是没有办法迅速做出反应的。换句话说，九江石化的负责人肯定更希望在事故发生前就将相应的风险隐患消除掉，而不是等出了事再去想补救措施。所以边缘计算便派上了用场，其不仅能够与云平台一起提高工厂的整体运作效率，还可以增强工厂的安全保障，使工厂负责人可以更高效地监测到相关设备的数值变化，以此来避免一些事故的发生。

过去，人们的关注点大都在如何提高能源的产出效率、如何获得更多经济收益等方面。而当这些愿望随着智能化技术的提升而一一被满足之后，人们又开始关注工厂、工人是否能够得到足够的安全保障。在云计算发挥作用的基础上，边缘计算的参与可以更高效地实现对油、气的远程监测，我们可以看一看其具体的应用，如图8-8所示。

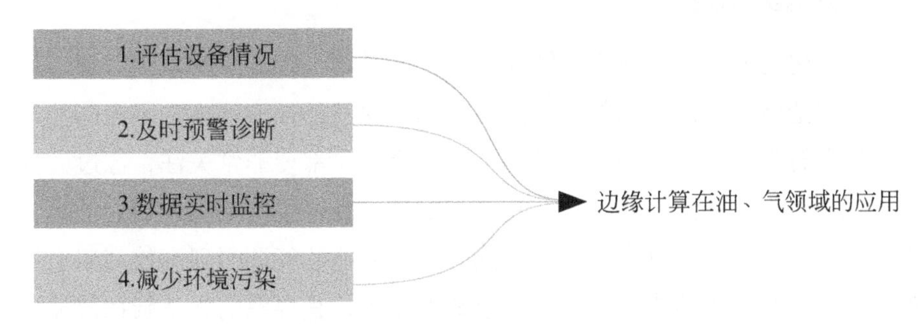

图8-8　边缘计算在油、气领域的应用

（1）评估设备情况

通过边缘计算的部署，人们完全可以利用其反应速度快、延迟较低等特点来评估设备的运行情况与健康状况。在智能化技术还不是十分发达的过去，如果人们想要明确设备是否在正常工作，就必须前往现场观察其实际的运行情况，而这种形式一来会增加工作人员的负担，二来也会在无形中提高来自设备的风险隐患。

试想一下，假如设备已经出现了问题，而工作人员却未能及时发现，无论这个问题是一点点变大还是骤然爆发，很显然都不是工厂负责人想要看到的结果。但有了边缘计算的帮助之后，想要精准、迅速评估设备情况就变得很简单了。工作人员完全可以通过远程模式去观测设备的运行情况，既节省了时间，也提高了效率，还能延长设备的使用寿命，从某种程度来说也能够降低设备方面耗费的资金。

（2）及时预警诊断

不单单是设备的使用，与石油产量密切相关的油田环境质量也很重要，工作人员可以利用边缘计算及其他智能化设备去采集油田数据。一旦油田的温度、湿度等数值出现异常，负责监控设备的人如果监管到位的话，就能够立刻收到来自系统的预警提示，这无形中能够预防许多意外情况的出现。

另外，边缘计算在采集、处理数据并给出预警后，还会以数据为依据给出诊断方案和相应的解决方法。当然，工作人员也不能完全依赖于智能系统而失去自己的判断能力，但边缘计算的确可以尽可能帮助其提高工作效率。

（3）数据实时监控

九江石化之所以会在建立了智能工厂之后继续进行边缘计算的部署，就是因为看中了边缘计算对数据的实时监控能力与快速的反应能力。因为与油、气相关的资源开发、利用工作，对数据的每一个变化都要非常关注，像过去那样纯靠人工观测很难达到最佳状态，将所有的数据处理工作都集中到云计算上面也不是长久之计，配合反应速度极快的云计算才能使能源得到高效利用。边缘计算要做的就是尽可能去预防问题、事故的发生，其要做的就是赶在故障出现之前就发出预警并将其解决。

（4）减少环境污染

以化工业务为主的企业，常常需要面对除技术、资金以外的另一个大问题——环境污染。比较严重的石油污染问题就是在石油开采、运输等一系列工作流程中出现的，而边缘计算虽然不能强大到可以彻底解决这个问题，却多多少少能够改善一些。边缘计算能够实时采集、分析石油化工废水的排放数据，并能够给出具体的预警指标，再结合智能系统去进行更精准的计算，目的是找到合理的排放指标，在保证工厂效益的情况下进行废水的处理。

总之，边缘计算应用于能源领域的优势不仅仅体现在对油、气的远程监测这一点上，往小处说它可以提高能源的利用效率、减少故障发生的频率，往大处说它可以减少环境污染，保护化工行业工作人员的生命安全。所以，边缘计算在能源领域的存在还是非常必要的。

【案例】

河北分布式光伏电站在5G支持下的联网协作

2018年的春天，河北省某一偏远村子将5G技术应用到了光伏云网之上，并取得了良好的运行效果。作为5G技术的试点，河北省在推动5G建设方面的工作做得很好，居民在了解到5G应用于电网方面能够起到的积极作用之后，也都抱以支持态度，有越来越多的人愿意参与进来，共同建设良好的供电环境。下面，我们就来详细分析一下河北在这方面所做的努力。

首先，我们需要对分布式光伏发电这一概念进行了解。该概念其实很简单，主角是太阳能这一新能源，而主要发电过程则是将太阳能向电能进行转化。其次，与其相关的还有两个重要概念，分别是光伏云网以及光伏电站，我们需要先将这些基本概念梳理清楚。

就光伏云网而言，我们可以将其看作一个全方位的服务平台，其存在的意义主要是为了促进光伏产业的发展；而光伏电站则比较好理解，其主要作用就是利用太阳能来发电，并需要与电网建立联系。简单了解这些概念后，我们再将视角转向河北省，截至2018年年底，河北省已投资1.6亿元左右用于光伏项目中，供电质量有了明显提升。

而对于光伏云网的打造以及5G在其中的应用，河北省更是毫不吝啬于资金的投入。分布式光伏发电能够为河北省的人民带来哪些好处？为什么他们会如此积极地建设光伏电站？我们可以从两大角度对这些问题进行探讨，即日常生活的角度以及利益角度。先从前者开始分析，如图8-9所示。

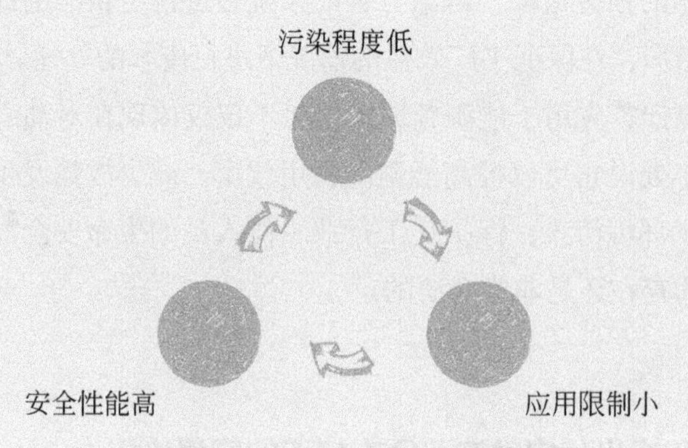

图8-9　分布式光伏发电的优势

（1）污染程度低

光伏发电的清洁性是其核心优势，也是河北人民格外欢迎它的主要原因。常规的发电方式如燃烧发电，会产生大量对人体、环境造成危害的气体，但由于电能是维持人们正常生活的必备要素，因此人们也只能选择接受。

但当清洁能源出现时，尽管其不能完全替代燃烧发电的方式，却能够在一定程度上使环境污染问题得到缓解，人们又有什么理由拒绝它呢？河北的相关试点区域享受到了高质量、无污染的能源带来的健康发电服务。

（2）安全性能高

除了人体健康以外，河北试点区域的居民还会格外重视另一个问题，即光伏电站是否安全可靠。我们就以河北省内的某一乡镇来举例，截至2019年下半年，差不多也就是在光伏云网与5G首次应用之日起的一年之后，该乡镇利用原本处于闲置状态的荒地打造出了多达两千多亩的光伏发电厂，比起普通的光伏电站范围要大得多。

基于这一现象，我们也可以判断出光伏电站、电厂的安全性。而事实上，其设备损耗小，也无需派专人巡检、值守，一般不存在风险，且搭建周期也并不算长。种种要素综合起来，河北人民得出这样一个结论：迅速搭建、安心使用。要知道，人民参与度对于推进某一项目来说十分重要，如果缺少人民的理解与支持，河北也很难将分布式光伏发电体系构建起来。

（3）应用限制小

光伏发电与常规发电方式相比自由度较高，主要体现在资源使用度与安装地点两大要素上。由于太阳能本就属于可再生新能源，因此大多数情况下可以放心使用，而无需担心其枯竭。另外，在安装问题上也无需像其他发电站一样会受到各种地域的限制，建筑屋顶就是它们的主要安置场所。

不过，尽管光伏发电具备的优势比较明显，也需要将其接入电网中进行监控，并不能在安装完成后就任其“自生自灭”。无人值守只是不在现场，却不是对其毫不关注。由于河北省已经正式开始应用5G技术，因此关于光伏云网的几个问题也可以得到有效解决，如数据海量分布、连接用户数量庞大等。

现阶段，河北省的光伏发电建设情况良好，与网络之间的沟通连接以及5G赋予的通信能力在其中起到了重要的推动作用。联网的主要目的还是基于数据，河北省在这方面将目光定位于以下几个方面。

（1）数据整合

在管理人员通过系统对光伏发电的相关数据进行处理时，5G的高速数据传输能力发挥了作用，能够使其更快、更好地采集、整合数据，而不会被网速、网络连接情况等因素所影响，可以采集到更多高质量数据以供参考与利用。

（2）设备管理

光伏发电设备损耗较小，但并不是永远都不会出现故障，但凡是智能化设备多多少少在运行过程中都会产生一些问题。如果没有信息的及时传递，有些设备故障问题可能会持续存在而得不到维修处理，这无疑会使设备的损耗加剧。

(3)运行监控

对光伏发电的运行过程进行监控，其目的既是为了上一项提到的及时感知设备故障，也是为了掌握居民用电情况、用电费用等信息，只有这样才能与居民进行有依据的双向沟通、配电协调。

从河北人民的利益出发，从扶贫、脱贫这一方向来看，就河北省在2019年发布的官方文件显示，国家的补贴力度还是很大的，居民可以将余电按照每度电0.2元的价格卖给国家电网，且补贴年限也非常久。在这种补贴奖励诱人且操作较自由的形式吸引下，河北省的扶贫效果越来越显著，且光伏产业的发展也得到了有效推动，可以说是一举两得。

河北省应用分布式光伏电站只是一个典型，还有其他地区也在尝试这种新型模式，尽管在尝试过程中都会遇到一些阻碍，但也是正常现象。有了5G的帮助，河北省将会迎来新的发展机遇，且居民的网络情况、供电情况也会协同发展。从长远角度看，河北省的智能化程度也有望进行升级革新，整体实力会大幅度增强。

第9章

智能文娱：VR全面爆发后的全新文娱产业想象

当物质条件逐渐提升后，文娱产业开始迎来了新的变革，VR市场的价值也随着5G而持续上涨。如果你恰好是一名游戏爱好者，那么你将有可能进入到那个你所热爱的虚拟世界中，并且有机会实现真正的“同台竞技”效果。当然，如果你只是单纯喜欢观看视频，并且对音乐会、体育赛事这类大型现场活动感兴趣，那么你也可以通过5G与VR的结合去“现场”感受一下。

9.1 硬件释放：5G云计算让游戏不再依赖硬件

5G通信迅速发展的同时，人们在娱乐方面也有了更多的选项，不必再局限于电影院、游戏厅等固定环境中。不过，选择与限制往往是相对的，尽管在4G时代，有越来越多的人可以从手机、电脑等智能设备上观看各类视频，但却仍然有一些缺陷之处。而这些弊端，在5G的支持下能够得到有效修复。

在日常生活中，某些游戏爱好者在打游戏时经常会出现如下问题：第一，许多游戏对硬件配置的要求很严格，有时候别说在未达标的情况下“强行”进入游戏会产生怎样的游戏效果，有些用户的设备根本就不支持游戏安装；第二，游戏流畅度不足，用户往往无法拥有满意的体验感。上述两点，其实还是对硬件依赖性过高。在这里，我们就要提到一个随着5G而逐渐变得火热的概念：云游戏。

何谓云游戏？简而言之，其关键就是运用了5G云计算能力，云计算是推动云游戏发展的动力，同时也是云游戏诞生的基础。这里的重点在于云游戏的适用范围很广，如果你想要尝试玩某款游戏，就可以借助云端服务器。

这么说也许有些不好理解，如果我们换一种说法：云游戏模式下，你无需像常规流程一样先下载后安装，而是在进行了视频解压后即可进入游戏，并且对硬件的要求几乎等同于无——对常玩游戏的人来说，这就相当于原本需要耗费许多资金去购置一身完整装备才能进入某个区域，而现在只要身着最基本的便装就可以随意进入。那么，5G云计算究竟是如何帮助广大游戏玩家突破硬件限制的呢？如图9-1所示。

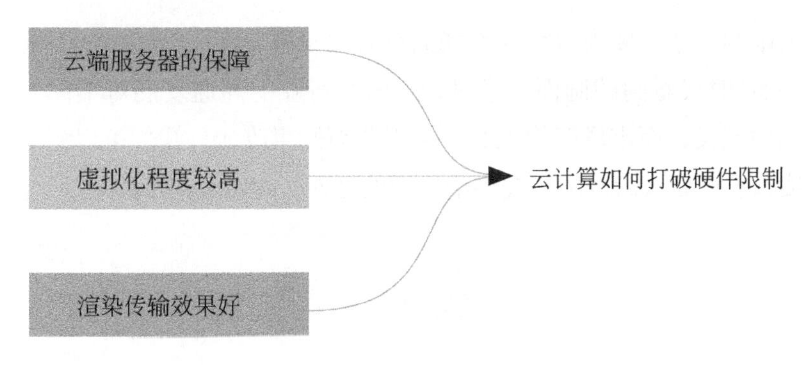

图9-1 云计算如何打破硬件限制

（1）云端服务器的保障

云端服务器是云游戏的基础平台，就等同于游戏的启动基地。云端服务器在使用时更灵活、更可靠，且其成本与常规服务器相比也并不算高，玩家为了游戏而购置相应设备所投入的资金少了很多。

（2）虚拟化程度较高

云计算的虚拟化技术在云游戏领域中非常重要，是用户能够享受到流畅互动性、优质游戏感的重要前提。当服务器应用了该技术后，转变后的虚拟服务器能够直接提升对资源的利用能力，这也就是说，每个玩家都可以享受到比较稳定的游戏过程。

（3）渲染传输效果好

用户试玩云游戏模式通常会经历如下流程：在指定服务器端选择、启动游戏，云计算会利用虚拟化技术对游戏进行渲染与压缩，而后将经过迅速处理后的游戏再传送到用户这边，是一套完整、通顺的传输过程。

尽管云游戏在当前还没有成为主流趋势，但从各游戏厂商的动向来看，云游戏蕴含的潜力、商业发展前景还是非常乐观的。毕竟应用了5G云计算技术的云游戏模式能够满足游戏用户的大部分需求，其中有很大比例的人选择支持云游戏，希望云游戏能够在行业市场中崛起。

目前，云游戏还只是以常规形式呈现，而随着其与5G云计算的融合升级，VR模式下的云游戏必将成为未来的爆点。将平面转换为立体形式、逐渐消磨掉硬件的限制框架、使大多数人都能拥有游戏参与条件，这些是所有游戏爱好者希望在5G时代看到的画面。不过，云游戏行业的高速发展对不同人群来说有着不同的意义，而市场架构也必定会因此而发生改变，我们可以先从普通玩家的角度来看一看云游戏能够提供给他们的好处，如图9-2所示。

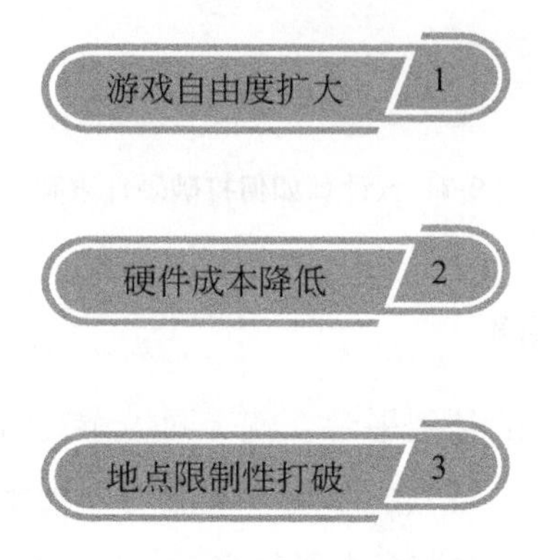

图9-2 云游戏对普通玩家的意义

（1）游戏自由度扩大

过去，许多大型游戏尽管对部分玩家有着较大的吸引力，但很多玩家却由于硬件条件不足而无法体验游戏，只能通过其他人投递的视频或在直播平台来观看游戏，这是真正的“虚拟”游戏模式。而云游戏市场被打开以后，玩家的游戏选择范围会变得更大，其目光可以从小型游戏、硬件要求较低的游戏离开，不用再去考虑硬件限制，而是侧重于选择自己喜欢的游戏。这样一来，游戏体验感就自然会得到改善了。

（2）硬件成本降低

云游戏之所以能够变得热门，归根结底还是因为抓住了玩家想要轻松玩游戏的想法。这里提到的轻松不仅仅指减少了在游戏安装时耗费的时间，更多的还是指玩家可以不必为了游戏而更换硬件。

要知道，某些游戏对硬件的限制真的很严格，如果是有经济来源的玩家还好，当那些经济条件较差的玩家面对更换设备需要投入的费用时，总是面有难色。但当游戏门槛骤然降低，其在硬件上的花费自然也会随之改善。多数人都喜欢物美价廉的商品，云游戏则实现了这一效果。

（3）地点限制性打破

4G背景下的游戏，即便玩家有着达标的硬件设备，但也只是有了入场资格，而在入场前还要经历长时间的下载过程。由于网速限制，某些大型游戏的下载最少也要花费2～3小时，玩家依然无法享受到快捷的游戏体验。但云游戏的上线却打破了这一僵局，就像街边的自助贩卖机一样，玩家可以即选即用，大大缩短了在游戏下载阶段所耗费的等待时间。

以上角度是基于游戏玩家的立场，而对于游戏厂商、硬件公司来说，对其同样也会造成一定的冲击。首先，不再依赖硬件对玩家来说无疑是一个重要优势，但对硬件公司来说，这不就等同于失去了较大规模的客户吗？尽管并不是所有人都会因为云游戏的诞生而降低在硬件配置方面的要求，但游戏群体对其来说确实是利润来源的主要构成部分。其次，对游戏厂商来说，特别是某些在过去难以吸引到玩家注意力的小型公司，云游戏将会成为他们崭露头角的有利工具，但是否能够将其抓住并良好利用起来，还需要各个厂商仔细思考。

5G云计算的发展带动了云游戏，且这一娱乐类产业目前还有许多尚未被开发出来的空白区，但也仍然存在一些缺陷。接下来的主要趋势应该还是要进一步对云计算进行研究，各个与该行业有关系的公司也要与时俱进、争夺先机。

9.2 VR娱乐：造成当前VR视频效果差的主要原因与5G拯救之道

VR理论自提出至今年头也不算短了，在5G这个概念还没有如此深入人心之前，与VR相关的娱乐项目就已经在我国得到了比较广泛的应用。但从各项报告、数据情况来看，VR产业的发展还远远没有达到成熟阶段，多数人对VR娱乐只是抱着尝试、玩一次即可的心态，很少有人会对其产生真正的依赖感、认同感，这其实还是因为他们没有在VR体验过程中达到满意的程度。不过没关系，因为5G技术的应用可以使人们看到一个崭新的虚拟世界。

人们在当前经常涉及的VR娱乐领域包括手机在线看VR、去VR影院观看

VR电影、各大商场中放置的VR游戏设备等。这些对年轻群体来说吸引力还比较大，但如果年龄段再抬高几层，这些人对VR的印象一般都是新鲜有余、体验一般。

一件商品或某个产业受欢迎的体现就是其不可代替性。以电影院的3D电影模式为例，现阶段大部分观影者都不会在3D与普通观影模式中产生过多纠结，换句话说，除特殊性质的影片以外，3D模式是否存在对观影者来说影响不大。有些时候，如果当日可选场次只剩下3D模式，观影者甚至会选择更改自己的观影行程。会出现这种现象的原因，其实还是统一指向了一个方向：3D视频效果较差。

大多数商品都有基本功能与附加功能，而基本功能往往也是其核心功能，是吸引人们浏览、购买的主要因素。VR视频的本职工作就是让人们拥有更舒适、更高级的视觉体验感，但很显然，4G时代连3D都并没达到这一效果，更不要说结构更复杂的VR了，所以人们也不会为基本功能没做到位的商品买单。下面，我们来梳理一下影响VR视频效果、使视频质量变差的原因都有哪些，如图9-3所示。

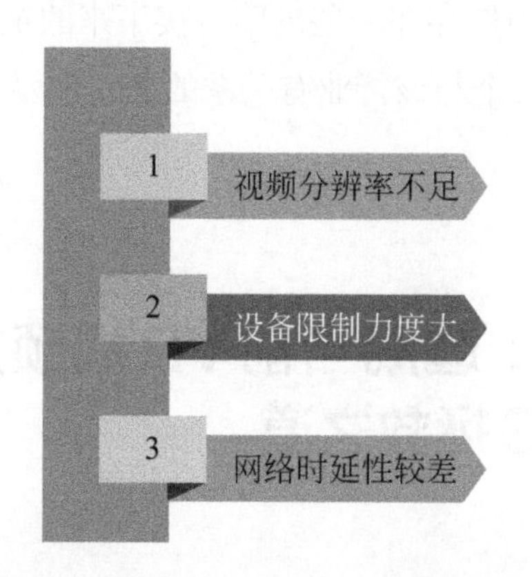

图9-3 使VR视频效果变差的主要因素

（1）视频分辨率不足

画质问题是所有视频类产品都应该摆在靠前位置去考虑的，VR在理想状态下原本应该使用户产生一种现实与虚拟相互交融的感觉，但在4G网络环境下，很难使用户真正沉浸到某个虚拟场景中。由于对图像的渲染技术达不到要求，视频码率和分辨率的一致性不高，用户的体验感只能用一句话来形容：买家秀和卖家秀的真实差别。

试想一下，如果你正在体验某款恐怖类VR游戏，当你正紧张地在偏僻的工厂中寻找方向时，你的身侧忽然扑上来一只怪物——准确地说，是带着马赛克效果、边缘还保留着锯齿痕迹的怪物。看到这种场景，就像做得好好的梦忽然出现了某种让你一看就知道是在做梦的东西一样，VR游戏的画质如果跟不上，无法使玩家身临其境，那么用户就算不想“梦醒”也很难。

成功的虚拟化VR画面会使用户的思路始终跟着虚拟场景的变化而变化，而不是让人一眼就看穿，否则这种场景对于用户也就显得索然无味了。一般情况下，分辨率越高的VR视频效果越好，但4G网络很难满足这种要求。

（2）设备限制力度大

我们先不提VR视频体验感这一问题，单就设备而言，就已经限制了一大群人。就像我们在上一节中提到的游戏硬件一样，想要进入新场景的前提条件越多，人们需要负担的费用也就越重。

就拿VR眼镜这一必备设备来说，市场价格参差不齐，眼镜与手机端的匹配程度也难以确定。许多人尽管对VR视频很感兴趣，但佩戴VR眼镜后无论是视觉还是生理体验都远远达不到预期效果，这就导致这些人只能放弃观看VR视频。连接适配性差、不适感，这些都是在设备方面存在的问题。

（3）网络时延性较差

4G的网络延迟对于VR视频来说是一个致命点，如果是普通观影模式还好，但如果是游戏式、互动式的VR体验模式，那么用户就会在结束后默默为这次VR体验打上一个叉。既然VR的主要目标是让用户完全沉浸在虚拟场景中，那么低延迟就变得非常重要，毕竟如果是现实世界的话，应该没有人会出现在拿杯子的过程中忽然停住，过了几秒钟以后才将杯子放到桌面上的情况吧？ VR应无限贴合现实，创造新颖的虚拟世界。在VR视频中，一两秒的延迟都很容易使用户“出戏”。

上述这些因素会导致VR视频呈现出的效果大打折扣，这也是近年来VR产业始终不温不火的原因。但有了5G技术，VR效果将会得到有效的提升和改进，这些变动足以催生出更多VR产品。那么5G究竟是怎样解决这些问题的呢？如图9-4所示。

图9-4　5G技术对VR视频的帮助

（1）云端辅助无线传输

VR一体机的最优功能就在于无需连线，使用者拥有了更自由的活动空间，可以获得更优质的视频体验。而5G环境下的云服务器，也可以支持VR数据通过无线模式来进行传输，获得与一体机相差不多的无束缚体验效果，人们可以更加放心地移动。

（2）网络传输速度更快

5G网络的带宽优势很显著，其带宽比4G要宽得多，能够传输的数据量也相应增加，且数据传输的速度也更快。这种改变能够直接提升VR视频的画面清晰度，用户可以体验到超高分辨率带来的高清视频效果，当画面质量得到了优化，用户自然能够以最佳状态沉浸在虚拟场景中。

（3）超低时延优化体验

我们在前面也说到了时延问题在VR领域的关键性，而5G的低时延可以有效解决这个十分棘手的问题。时延降低意味着人机交互会变得更流畅，卡顿现象不会再频繁出现，交互感质量的提升也会影响用户的沉浸体验，当低时延性能使所有交互动作都变得“顺理成章”，VR视频的效果也就体现出来了。另外，该性能还可以在一定程度上改善某些用户在佩戴VR设备后出现的一系列不适情况如眩晕、恶心等，不过需要注意其只能起到缓解作用，并不能从根源进行解决。

有了5G技术的植入，VR的各项技术研究都会向前迈一大步，VR产业的发展也必定会迎来新的机遇。有些东西当前热度不高，并不意味着其不具备价值潜力，同理，人们并不是对VR不感兴趣，只是VR当前带给他们的体验感还不够好。归根结底，只是最佳时机还没有到来而已。一旦真正迎来了那个时机，VR会带给人们更优质的体验，其画面质量、交互流畅度等优势都是4G时代无可比拟的。

9.3 全景直播：高质量开展VR全景直播三步走

什么是VR全景直播？顾名思义，即利用专业设备对相关场景进行各个角度的拍摄，为观看者提供360° 的全方位视觉感，这就是全景的定义。在过去，全景通常会与3D技术相结合，而随着技术能力的增强、需求场景的日益丰富，VR全景便成了一个崭新的概念，被应用于各个热门领域中。

曾经有一段时间，网上关于3D全景的帖子非常多，其中以地球、北京故宫等景物为代表，我们可以从网页点击率、停留时长等数据中看到全景图片对于用户的吸引力。以地球为例，用户可以通过点击旋转、拉动视角等方式来观察不同角度的地球，可以清晰看到地球外部的景象，如果将其与VR结合在一起，人们会更真实地感受到置身于宇宙中俯瞰地球的奇妙感觉。

从3D全景图的受欢迎程度来看，用户对这方面的兴趣其实很浓厚，在设备条件、画面质量到位的前提下，大多数人并不排斥VR全景。VR全景还赶上了一波直播浪潮，这既有利于拉动VR产业的发展，也能使用户对VR认知更深刻，体验到更多样化的VR服务。

国内的直播行业当前的热度也很高，不过能够与VR全景搭配在一起的直播场景是有限制的，并不是传统意义上的网红直播带货这种形式，至少需要具备两大要素：一定的人员规模与较开阔的活动场地，比方说演唱会、体育赛事等。开展VR全景直播的流程尽管很简捷，但实际上却涵盖了许多专业、复杂的要素，下面我们就来看一下开展一次完整的VR全景直播具体需要做哪些工作，如图9-5所示。

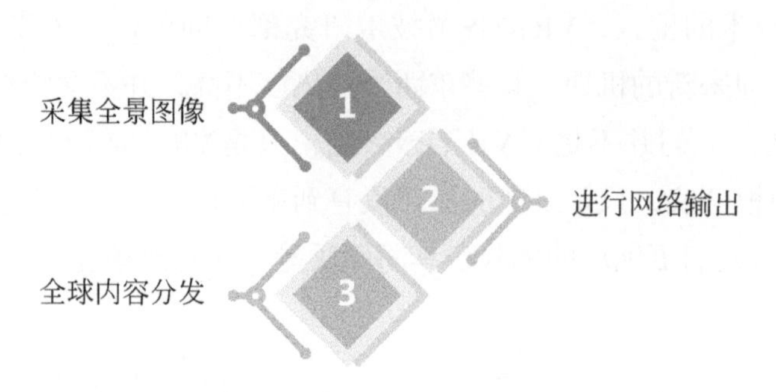

图9-5 开展VR全景直播的步骤

（1）采集全景图像

许多人在手机自带的相机中都体验过全景拍摄这一功能，拍照者只需要尽量保持平稳水平移动手机即可，不过这只能应用于日常生活中，其操作难度完全无法与VR全景直播相比。如果想要为各个终端的用户呈现出良好全景效果，单单只借助某一种设备是很难实现的，除传统的图像采集设备以外，专业人员还需要利用其他先进技术，具体包括如下几项，如图9-6所示。

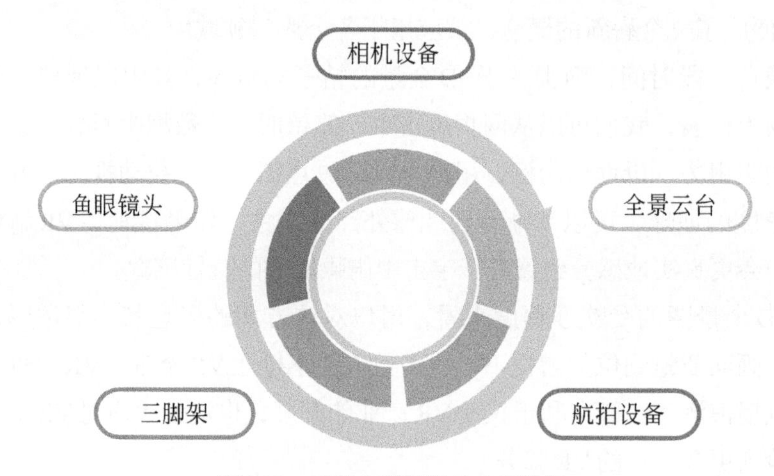

图9-6 采集全景图像的必备设备

① 相机设备　相机的性能是采集高质量全景图像的基础，如果相机的成像质量较差，那么即便经过后期处理也无法使全景效果达到预期，因此，连拍速

度、对焦效果、变焦灵活性等方面都具有较强优势的单反相机就成了大多数人的首选。

② 鱼眼镜头　鱼眼镜头顾名思义，即拍摄出来的效果就像鱼眼所看到的世界一样，与常规拍照的区别很大，用于拍摄360° 的全景图像再适合不过。该类镜头具备超强透视性，能够增强全景直播呈现出的视觉效果。

③ 全景云台　全景云台对于拍摄全景图像也非常重要，其所扮演的角色相当于一个位置调节者。手机拍摄需要纯靠手臂平衡去进行水平移动拍摄，而全景云台则可以将这项操作变得更加专业化、固定化，有利于使后期的图片拼接工作更加高效。

④ 三脚架　三脚架的作用大家想必很熟悉了，其主要作用是支撑、稳定相机，保证相机在拍摄直播画面的过程中不会出现抖动、摇晃的情况，与全景云台搭配可以呈现出最佳拍摄效果。

⑤ 航拍设备　航拍设备应用于全景领域在当前算得上很常见，不过有了5G的加入以后，智能无人机的灵活性以及画面传输效果会较之前更好。无人机与全景应该算是老搭档了，但无法应用于某些室内场景中。

当拍摄工具成功采集到多角度的图像后，还需要对这些图像进行加工处理，主要是将其拼接、合成。可以利用各种智能化自动拼接软件，也可以借助相关系统进行手动拼接。总而言之，不要忽略第一步的重要性，它会直接影响到终端用户的观看积极性。

（2）进行网络输出

全景图像处理完毕之后，我们就要将其传输到网络平台中。在这一环节，需要涉及两个重要概念：视频转码与视频推流。先简单介绍一下前者，其主要工作内容就是负责将视频进行格式转化，目的是为了适应更多的用户终端，数据压缩后更便于大范围传播。而视频推流就相当于一个运输司机，需要将货物资源运送到指定配送地点，也就是我们在直播领域中常提到的服务器。

视频推流在网络直播中非常重要，会直接影响用户观看直播视频的质量，但其同时也很依赖稳定的网络环境。4G网络的信号、网速大都不能达到最优标准，这就是用户常常会抱怨视频卡顿的原因。但有了延迟较低、网络环境比较稳定的5G网络支撑后，视频推流可以完成高效的内容传输，用户也能体验到全程跟着直播节奏的良好观看效果。特别是在附加了VR技术的情况下，5G网络存在就更具必要性了。

（3）全球内容分发

“货物”配送工作结束后，我们就要认真完成最后一个步骤：将这些“货物”配送到指定的“收货人”手中，需要利用CDN（内容分发网络）的力量。该网络的主要作用就是缓解服务器的压力、及时进行资源调配，防止由于用户需求过多而出现“拥挤”现象，这也会间接影响视频播放的流畅度。

CDN涵盖了多个构成要素，各个要素各司其职、负责不同板块的内容，如分配用户需求、监控网络负荷能力等，不过最终的目的还是比较统一的，即使用户能够更快、更好地访问相关视频。当用户成功接收到视频内容以后，就可以利用各类智能设备在线观看了。不过，VR设备的自身性能也会使不同浏览者产生不同的观看效果，5G网络可以或多或少改善一些缺陷。

体验过VR全景直播的人们大多数都能给出良好反馈，知名歌手王菲就曾在2016年举办过一场VR直播演唱会，网络用户可以自行选择免费与付费两种形式。通过数据统计，选择VR付费模式的用户数量多达八万人，这一规模在5G还未得到商用许可、VR技术也还未达到成熟阶段时已经很不错了。近年来，越来越多的偶像、歌手等也开始尝试开启VR直播模式，有些露天演唱会可以应用全景技术。

VR全景模式是5G时代的新尝试，尽管在当前还有一些场景、设备等方面的局限性，不过整体发展前景还是比较积极的。

9.4 VR游戏：5G助力普通玩家轻松享受实时3D游戏快感

尽管当前在各大商城中VR游戏体验区随处可见，但大多数用户仍无法全身心地投入到场景中，这意味着他们其实还没有真正感受到VR游戏的沉浸感。当前，VR游戏尚存在许多问题，虽然5G不能一下子将它们都解决掉，但也可以提升普通玩家在体验过程中的快感。

VR游戏这一分支其实在游戏产业中的年头并不算短，较早以前就有许多游戏公司将VR项目放到了待办计划书中，但在近几年关于VR游戏的讨论声音才逐渐大了起来。对于游戏爱好者来说，他们无疑是非常想看到VR游戏快速发展这一景象的，即便当前普通模式的游戏画质越变越好、游戏功能也越来越丰富，但对着屏幕打游戏与将自身置身于虚拟场景中的感觉是完全不同的。

抛开其他因素，我们先来说一说5G能够为VR设备带来哪些好处。VR设备是体验VR游戏的必备要素，就像常规台式机的主机、键盘一样重要。其自身由于价格、性能等的不同，用户也会有体验感上的差异，不过总体来说，5G技术可以覆盖所有不同层次的VR设备。我们以VR头显设备为例，从各个方面分析一下5G为其带来的优化调整，具体内容如图9-7所示。

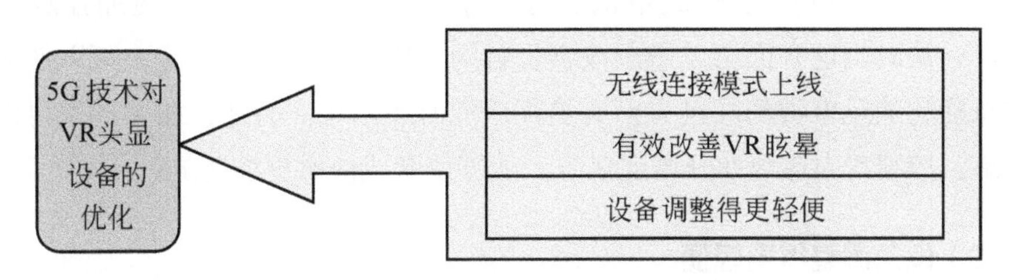

图9-7　5G技术对VR头显设备的优化

（1）无线连接模式上线

过去的大多数VR头显设备都会采取有线连接模式，这样做是因为4G时代的网络还称不上十分稳定，数据传输速度也没有达到最佳需求，如果在这种网络环境中采取无线模式，那么用户的游戏体验不会好。但有了5G网络之后，整体的网络环境能得到显著优化，不必再担心受到网速等因素的影响，云服务器在这里承担起了较大、较重要的工作，从而催生出了无线模式。

无线模式的上线能够为VR游戏玩家打开一片新天地，特别是某些动作幅度比较大的游戏如体育活动类、搏斗类等，过去的连接线会对玩家的动作幅度、移动空间造成限制，使玩家很容易在游戏场景中的关键时刻被硬生生带回到现实世界中。但无线模式就不同了，理论上该模式对玩家来说几乎等同于零限制。

不过，有一点需要重点提示，即由于玩家的自由活动空间变得更加开阔，同时也需要注意保护自己在现实中的身体安全。当束缚得到了解除，玩家受到的保护性相对来说也有所削弱，如果是家庭环境，最好提前对屋子进行整理。

（2）有效改善VR眩晕

戴上VR头显设备进入精美的虚拟场景后，还没等玩家在里面多探索几个地点，明显的眩晕感就已经袭来——这是许多游戏爱好者放弃体验VR游戏的主要原因之一。事实上，如果说5G是治疗这种症状的良药，那么这个说法其实是有失客观的。5G只能尽可能改善这种眩晕情况，但对于某些身体自我保护机制较强的人来说，想要完全根治、像没有眩晕症状的普通玩家一样，可能性并不高。

玩家在体验时会感到眩晕、不适，其实是因为身体感官在作祟，由于画面渲染度不足且4G网络会造成不稳定的高时延，这种不适感就会更加强烈。5G上线后，从时延这方面可以做出改善，且网络传输相对比较稳定，可以使部分有眩晕症状的玩家得到较过去而言更优质的游戏体验。另外，如果玩家可以长期锻炼、控制室内环境如开窗通风等，能够使游戏快感更加明显。

（3）设备调整得更轻便

还有一部分玩家，尽管并不会对3D画面感到生理上的不适，但过去略显沉重的头显设备也会令游戏效果大打折扣，且如果要携带出行也不是很方便。不过，过去的设备重量尽管是一个明显的缺陷，却也是由于客观条件的制约，即为了支持高分辨率的画面效果，必须从设备这边入手。有了5G云计算的帮助之后，设备压力会被挪走一部分，这也是当前市面上的头显设备变得越来越轻便的原因。

5G使VR头显设备做出的调整非常明显，在视觉体验感及身体舒适度这两大方面都有着合理的优化。不过，由于5G技术目前还在测试、成长阶段，且国内关于VR产业方面的起步也比较晚，因此VR游戏虽然仍有一些缺陷，但其可开发潜力很大。除正常的个人版VR游戏模式以外，随着技术不断发展，互动感更强烈的联合式VR游戏也会逐渐走进人们的视线中。

像当前非常火爆的“吃鸡”类游戏，这种可以容纳多人的竞技类游戏模式在市场中是非常受欢迎的。虽然我们也会接触丛林冒险这类娱乐活动，但毕竟还是基于现实生活，无论是武器、场景这类条件，还是紧张刺激的游戏感官，都比不上虚拟化的游戏场景。而赛车类、体育类游戏也是如此，虚拟场景中的自由度是现实无法做到的。

以竞技类游戏为例，穿戴好VR设备之后，可以在5G网络环境下自由、轻松地进入一个开阔的战场：身边是同样全副武装、手持专业武器的队友，远处时不时会传来一两声枪响，可以进入到各间屋子里寻找可用物资……这是许多竞技类游戏爱好者非常希望实现的场景。另外，如果将VR游戏与直播联系起来，理想状态下可以随时加入主播的游戏场景，与主播进行互动与PK，不过这一概念还需要大量较复杂的技术去支撑。

等到5G技术的研发更加成熟之后，国内的VR游戏产业会更加繁荣，5G也会在VR游戏的互动灵敏度、画面清晰度、设备轻便感等方面再做深入调整。此外，VR游戏的类型也会变得更加丰富，许多原本"默默无闻"的游戏类型会成为热门，而从前由于技术限制无法实现的游戏类型也有了更多实现机会。

在5G环境下，比较受欢迎的当属恐怖类、射击类等对画面渲染度、互动流畅性要求较高的VR游戏类型，玩家可以在虚拟场景中获得一番酣畅淋漓的游戏体验。而对于某些女性玩家来说，通过VR开启一段休闲的旅行体验也是不错的选择，毕竟5G不仅可以通过降低时延来增强游戏交互性，更能使画面效果变得更加精致。当前，VR游戏的受众大多还是年轻群体，在未来可能会得到进一步扩大。

【案例】

如何拍摄出一部好看的VR电影

既然VR的主要功能是为人们呈现良好的视觉效果，那么VR与影视产业的结合也就不足为奇了。国内的电影升级趋势是从普通2D过渡到3D模式，VR电影现阶段还没有什么成品，不过，这并不代表该领域无人涉足。处于影视行业中且具备商业头脑的人都会给予VR电影不同程度的关注，有些公司也早早就开展了对VR模式的研发，只等待时机成熟的那一刻。本案例，我们就来简单了解一下拍摄VR电影需要做的基本工作。

从普通人的角度看，拍摄VR电影与拍摄普通电影的大致流程是相似的，只在特定方面需要进行改动。但站在影视公司的角度，即便有了5G技术的支援，这项工作也不是那么容易就能完成的，否则VR影视的发展速度也不会这么慢。直白地说，拍摄VR视频也许不难，但拍摄一部正式、完整的VR电影，就需要耗费大量的资金与精力了。也正因为如此，我们当前能看到的类型还是以微电影为主，如果要搬上大荧幕，影视公司首先要在确定项目前问自己几个问题，如图9-8所示。

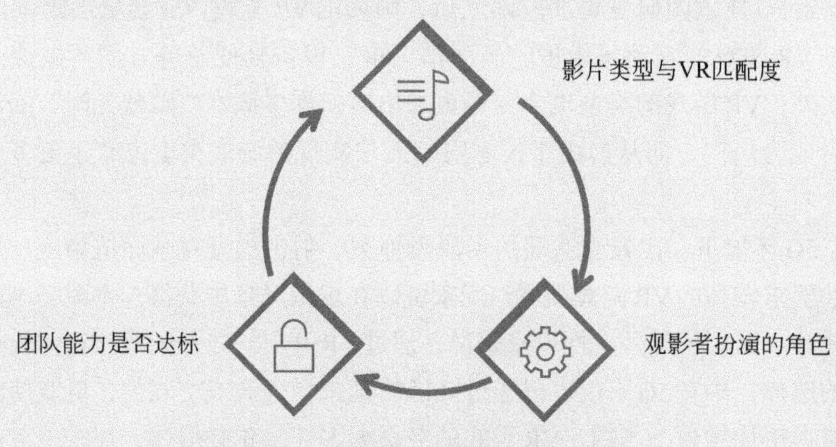

图9-8　开展VR电影项目前的问题

（1）影片类型与VR匹配度

VR电影由于自身的特殊性，导致其暂时无法像普通电影那样可以凭用户喜好或市场风向去选择影片类型，即并不是每一种电影都适合做VR。选择合适的影片类型是做好VR电影的重要基础，就像3D电影想达到最佳效果，一般会选择科幻、冒险类型的影片，VR电影也需要有自身的适配性，可以做与适合做是两个概念。

（2）团队能力是否达标

我们在这里探讨的是正式的电影项目，那些个人尝试、非营利性的拍摄活动不在讨论范围内。拍摄VR电影需要投入非常多的资源，对相关设备、场地以及资金供应的要求都很高，团队成员必须有过相关的从业经验，且负责技术模块的专业人员能力要过硬，否则无法对影片进行良好的后期处理。

（3）观影者扮演的角色

VR电影目前难以突破的问题是：观影者究竟是以旁观者的身份出现，还是电影剧情的参与者？常规的电影模式观影者都属于前者，但VR的独特性却体现在360°全方位视角、较强互动感方面，如果观影者扮演角色，会出现一些矛盾的感觉。想要解决这个问题，还要看具体的电影类型与剧情设定。

以上三个问题经过梳理之后，影视公司就可以正式开启VR电影项目了。拍摄VR电影的整体环节比较清晰，与常规拍摄步骤相似，但具体涵盖的内容却有很大差异。下面，我们就来看一看拍摄一部VR电影都包括哪些内容，如图9-9所示。

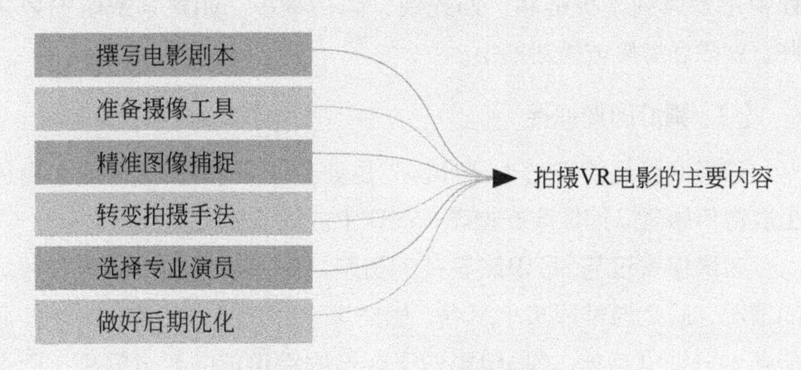

图9-9 拍摄VR电影的主要内容

（1）撰写电影剧本

单是选择了合适的电影类型还不够，剧本才是VR电影的核心，如果缺少能够与VR模式相匹配的剧本，观看效果可能还没有普通电影强。VR电影的剧本，除基本剧情以外，更要注重的是主线、副线的篇幅情况，以及整体方向的引导。VR电影比常规电影更注重对整体性的把控。

打个比方，写普通电影的A、B、C三人场景时，着重对A和B的交流描写，C只需要起到陪同作用。但在VR电影中，C即便没有台词，也不能简单地一笔带过，因为观众有可能想看C的动作、神态——这对VR电影来说是一个非常复杂的点。因此，在撰写VR电影剧本时，必须摒弃从前的剧本撰写方式，最好能起到引导观众注意力的作用，使观众不会过多地将精力分散到其他地方。

（2）准备摄像工具

拍摄VR电影需要的摄像工具自然也与正常模式不同，我们在9.3节中介绍过的全景图像拍摄设备，大部分都可以应用于VR电影拍摄中。不过，比起全景直播的局限性，VR电影对航拍技术的需求显然更高。这是因为其主要应用的电影类型如奇幻、恐怖、动作等，大都需要较多的户外场景，而航拍就成了现阶段的重要手段。另外，VR电影通常需要进行多机位拍摄才能达到良好的镜头效果，但在航拍过程中也会遇到不少难题，如光线、阻挡物等。如果某条航拍效果不好，就需要做废或重新拍摄。

（3）精准图像捕捉

知名度较高的电影《阿凡达》是典型的3D影片，需要在角色身上放置传感器以捕捉演员神态、动作上的细节变化。

如果你看过与3D电影有关的资料，就应该看到过演员在片场中的情况，脸上通常遍布小黑点，这些黑点存在的意义就是为了使后期能够更好地做特效。3D电影对于图像跟踪定位的要求很高，而视觉感更强的VR电影则更重视对图像可视化的处理工作，角色的每一次挑眉、每一个嘴角弧度的变化，都必须借助专业设备与技术捕捉到位，否则电影的特效质量就会下降。

（4）转变拍摄手法

长镜头是一种很常见的电影拍摄手法，但常规电影完全可以自由选择或不采取这种手法，而VR电影却没有选择空间，因为长镜头与VR的适配性很强。会出现这种搭配，其实还是因为VR电影自身的特殊性，就像撰写电影剧本时所强调的主线引导性一样，VR电影必须掌握主动节奏，不能让用户过多地分心。

这就导致那些丰富多样的拍摄手法在这里几乎是应用不到的，这也是为什么当前时间较短的VR微电影热度较高的原因，按照正常的电影时长来说，VR电影的剧组在拍摄手法这方面的局限性、矛盾性都很明显。如何利用长镜头来吸引观众的注意力？这是一个需要不断思考的问题。

（5）选择专业演员

既然有了长镜头拍摄手法，作为镜头主人公的演员也需要具备较强的专业能力，也就是我们常说的专业概念“一镜到底”。对新人演员来说，这无疑是一个巨大的挑战，但也只有这样才能使观众的观感提高，而不是感到思维与视觉双重混乱。也正因为如此，当前的VR电影一般在10～15分钟就已经很好了，除非演员能力超群、剧组综合能力强悍，否则就现在的技术情况而言，电影时长再久一些反倒会影响原本的电影效果。

（6）做好后期优化

在一些评分较低的3D电影评论区，我们常会看到“特效差”“后期能力不行”等反馈，事实上也的确如此，如果后期优化没做好，那么3D电影给人的观感就会非常不好。不过，做VR电影的后期一般会很困难，后期时间较长、制作复杂，且由于设备、技术、资金等因素的限制，想要制作出令观众不出戏的特效，就要投入更多心血。

根据上述内容，你能否感觉到制作一部真正的VR电影需要付出多少心血？有些VR微电影的时长不过短短几分钟，然而制作团队可能需要为此倾注巨大的资金、精力。VR电影的确具备商业价值，但现阶段有能力接下这一项目的公司并不多，从总体来看，VR影视的发展前景可谓任重而道远，还需继续努力。

【案例】

Unity 3D平台如何助力研发出更好的VR游戏

大多数处于新时代潮流下、热度较高的事物，都需要走很长的一段路，要持续吸收新知识、与新技术相结合。VR游戏作为5G时代的热门产物，也要不断捕捉新的搭档促进其成长，Unity 3D平台就能起到这一作用。下面，我们了解一下该平台究竟存在哪些优势，又能够如何助力VR游戏的研发。

Unity 3D是一款专门用于游戏开发的专业工具，对从未接触过这一行业的人来说，基本等同于“天书”一样的存在。不过，该工具如果想要快速上手也不难，无论你是单纯对游戏感兴趣，还是专门从事游戏开发的职业，Unity 3D都可以成为你学习、研发道路上的可靠伙伴。利用Unity 3D做出的游戏并不少，其中手机游戏的发展势头最好，而能够熟练掌握Unity 3D技术的人也有着较好的发展前景，薪资待遇一般都非常优厚。从普通用户的角度来看，Unity 3D平台有着哪些具备吸引力的地方呢？如图9-8所示。

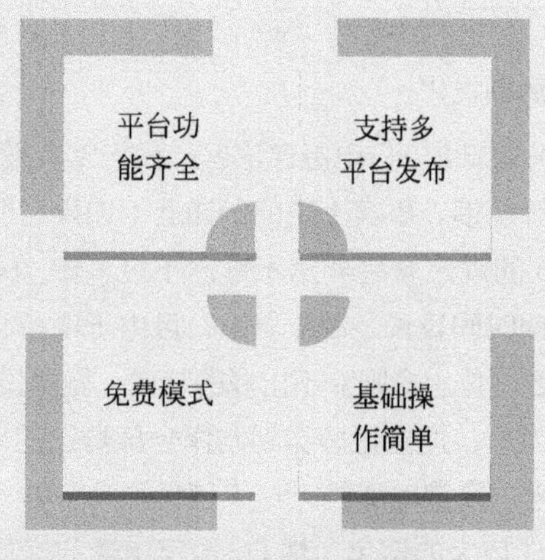

图9-8 Unity 3D平台的优势

（1）平台功能齐全

Unity 3D平台就像一个压缩版百宝箱一样，可以在该平台上找到大多数与游戏开发有关的功能，而无须从多个游戏开发工具中东拼西凑“缝补丁”一般地去拼凑功能。不过，有时根据个人需要也可以安装第三方插件来辅助使用。

（2）支持多平台发布

多平台、跨平台，这是Unity 3D的突出优势，主要包括网页游戏、移动端游戏以及电脑端游戏等平台类型。这一优势体现在可以节省许多开发成本，其通用能力非常强大，能够接触到更多游戏用户，拓宽利润渠道。

（3）免费模式

Unity 3D个人版是无需付费即可使用的。与当前市面上的大多数游戏开发工具相比，Unity 3D的收费模式比较灵活，其交易生态圈的环境也比较健康。

（4）基础操作简单

Unity 3D的组建系统很完善，虽然称不上是傻瓜式操作，但其简单，实用性很强，可视化界面能够使人更加快捷地进行游戏开发。有些人表示，借助Unity 3D平台制作游戏并不枯燥，反倒像是正在玩游戏一样。

早期比较有名的游戏《神庙逃亡》曾经一度霸占了各个平台的游戏排行榜前排位置，该游戏就应用了Unity 3D的技术，而现阶段十分火爆的竞技游戏《王者荣耀》也同样如此。上述是从普通视角来看待该平台的，下面我们再从Unity 3D的专业视角来分析一下其能够与VR游戏搭配的理由，如图9-9所示。

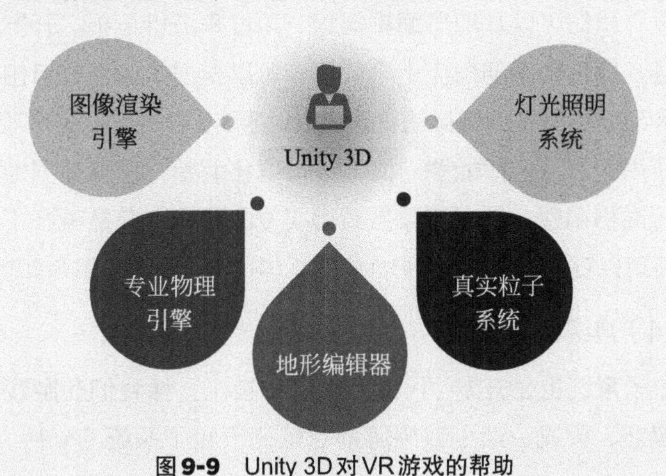

图 **9-9**　Unity 3D对VR游戏的帮助

（1）图像渲染引擎

图像渲染是图像的转换过程，简单来说就是将一个立体化图像变成平面图片，主要分为真实与非真实两大类型。Unity 3D支持利用自带的系统打造出真实、精美的图像效果。在进行图像渲染之前，开发者需要先做好3D模型的准备工作，而整体渲染过程就好像对一张白纸进行处理，使其变得更具质感。另外，Unity 3D内置工具会帮助开发者对渲染性能进行改善。

（2）专业物理引擎

物理引擎作用是对物理行为、活动的反映，打个比方，如果某赛车类游戏没有物理引擎技术的应用，那么两辆赛车碰撞到一起可能只会产生玻璃破碎的简单效果；但如果加入了专业的物理引擎，就能看到两车碰撞挤压、翻车的效果，伴随着车轮碾压出的真实轨迹、车门的变形以及撞到赛道边缘出现的反弹效果等。该平台内置的物理引擎可以使VR游戏画面中的物理属性更加明显，专业的物理运算技术能够使一切物理活动变得更加自然，能够从手感、视觉两方面来进行优化。

（3）地形编辑器

为什么有开发者会反映使用Unity 3D、开发游戏的过程充满了趣味性呢？我们可以从地形编辑器这一角度来进行分析。开发者通过该平台导入地形资源的操作十分简捷，可以根据个人喜好自由放置花草树木等与地形有关的虚拟素材。Unity 3D内置的地形编辑器还有一个比较实用的优势，即能够对网格进行细化调整，使其根据地形的不同去进行网格调整，这对于某些冒险类VR游戏来说是再好不过的。此外，还可以安装其他插件到Unity 3D中，打造更加真实的地形效果。

（4）真实粒子系统

粒子系统也是开发VR游戏的必备技术，像我们在游戏画面中看到的爆炸、火光、烟尘效果等都要依托于粒子系统的支持。而Unity

3D的粒子系统功能十分丰富，至少对于普通的VR游戏开发来说已经足够了，而借助粒子系统去制造基础特效的操作也比较简单。

以游戏中的火焰效果为例，在尚未对其进行修正处理之前，只能看到一个空空的架子，而后会看到粒子变成白色的火焰，再通过纹理与材质的改变使其变成更加真实的火焰效果。粒子系统在各类游戏中的应用十分广泛，如雨雪天气的特效等。Unity 3D的粒子系统在细节处理的问题上做得很到位，比方说粒子的物理运动轨迹、颜色等，细化程度越强大，VR游戏的画面效果就会越好。

（5）灯光照明系统

光源是游戏的重要构成要素之一，无论是哪一类型的场景，是白天、午后还是深夜，都需要光源的存在才能使画面变得合理。该平台自带的灯光种类比较丰富，比较常用的如定向灯光、灯泡式四周照明、手电筒聚光灯、区域光等。除此之外，开发者还可以通过Unity 3D来调整灯光颜色、阴影效果等，毕竟光与影是相对的，常规场景中不存在只有光照却没有影子的情况。

上述提到的各类技术、系统只是Unity 3D平台中比较有特色的内容，除这些以外还涵盖了许多丰富、实用的游戏开发功能，比方说颜色分级、音频处理等。Unity 3D的易上手性能够为许多喜爱游戏开发的新人提供了机会，不会因为门槛定得太高而对其产生阻碍；同时对经验丰厚的游戏开发者来说，Unity 3D又是一个能够将游戏画面变得更加精致、游戏动作变得更加自然的优秀工具。总体来说，Unity 3D对于VR游戏开发的帮助力度很大。

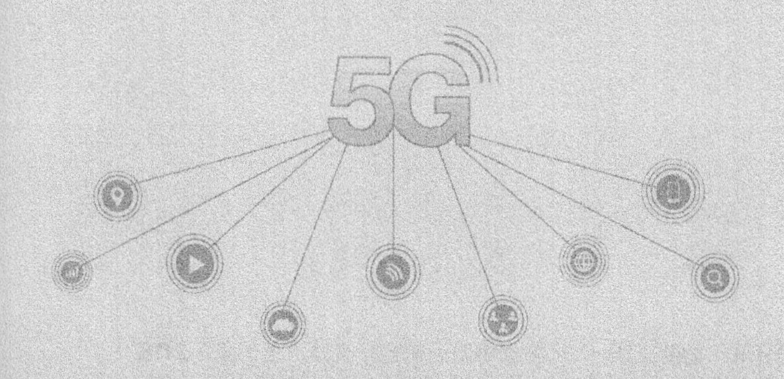

第10章

智慧城市：科幻片中的超级城市终将成为现实

一座外表上看似风平浪静的城市，实则掩藏着不少有待解决的问题与危机。城市就是我们的庇护所，只有城市的整体环境变好、安全等级升高，我们的生活才能有所保障。因此，5G的出现就像一张坚固的网一样，能够将城市笼罩住，使城市的公共安全、应急指挥都被赋予智慧化色彩。此外，智慧城市还会将重点放在环境治理的问题上，目的是在保护环境资源的同时降低环境污染对居民造成的威胁。

10.1 重新定义：怎样才是真正意义上的智慧城市图景

城市是人们的生活聚集地，也是一代又一代文明传承的见证者，科技总是要不断进步的，唯有如此才能推动人们向更加优质、高效的生活迈进。不过，城市智慧化的过程同时也是织一张盘根错节的网，并不是像小孩子搭积木一样，随便移动几个位置、做一些局部的工作就能完成的。我们需要从各个角度重新认识一下智慧城市的图景，而不是从表层去理解它。

在前面几章中，我们分别介绍了在5G环境中比较突出、与我们的日常生活接触频率比较密集的产业，如交通、医疗等，将这些产业综合到一起，就搭建出了智慧城市的基本形态。我们可以先从理想状态出发，设想一下在未来真正的智慧城市应该是什么样子的。下面就站在一个普通学生的角度去看一看寻常的一天中，该学生的正常活动与当前有哪些区别。

清晨，该学生会被家里的智能闹钟唤醒，而窗帘也随着光线变化与预先设定的时间而自动拉开。吃完饭，学生对着“魔镜”整理了一下自己的仪表，并看到了镜子上显示的天气信息。出门时，学生可以从手机App中看到当前的路况信息与公交车的到站时间。坐在车上，他从窗外看到了许多穿梭而过的自动驾驶车辆。

在学校上课时，老师让学生带上VR头显设备，书本知识变成了活灵活现的动态图景，而课后作业也随着下课铃响而传到了每个人的接收设备中。放学后，学生又重复着早上的一系列操作回到家中，当智能窗帘慢慢关上时，意味着智慧化的生活又过去了一天——这就是智慧城市能够赋予人们的东西，而例子中的学生也不过是城市居民中的一个缩影。智慧城市具有集成性、整合性，它并不是作用于某单一要素上面的，而是要将所有资源都集中利用起来。

由于真正的智慧城市还没有形成，所以我们只能从现有的智慧化信息与相关数据中去探索智慧城市的主要特征，如图 10-1 所示。

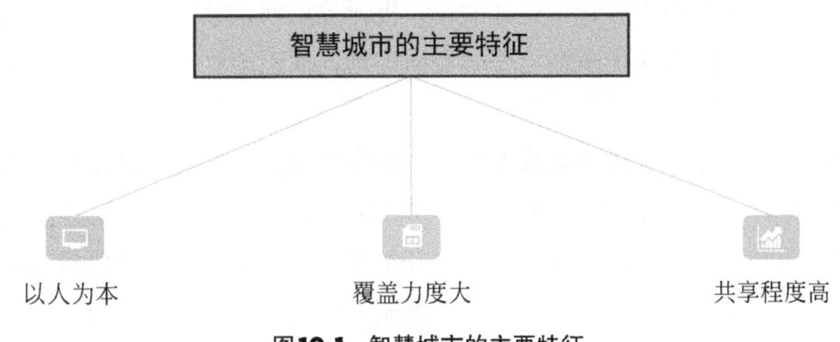

图10-1 智慧城市的主要特征

(1) 以人为本

人始终是城市的主体，也是技术进步的根源。换句话说，研究智慧项目的专业人员，同时也是智慧生活的享受者，而更多的普通居民则在慢慢进行身份的转变，即从居民转变为体验者、用户。我们知道，在各行业的市场中，用户的需求、反馈永远是第一位的。至少就当前情况来说，各种智能化设备的最终服务对象还是人，而专业人员在进行设备开发时，也会从使用者的角度出发，结合大环境进行综合考察。

(2) 覆盖力度大

真正的智慧城市图景就像城市夜景一样，所有的灯光会陆陆续续亮起，将城市的每一个角落都覆盖上，从而使其不会被夜色吞噬。智慧城市需要的是信息化、智能化的全方位覆盖，理论上最好达到设备具备自主意识，能够根据所储存的知识库与算法去甄别的程度。5G 目前在几十个城市铺开，之后一定会慢慢延伸到周边城市，使那些经济还没发展起来的城市也能体验到智慧化服务。

(3) 共享程度高

智慧城市讲求连接性，每分每秒都会产生大量数据信息，而遍布城市的智慧系统每天都会呈现高效工作状态。这意味着信息之间的共享程度必须要达到很高标准，否则难以使智慧化设备顺利运作起来。

这三类特征各有其存在的意义，但真正实现并不简单。先不说每个城市之间的规模差异，单从城市内部的分布情况来看，想要安全有效地管理起来也并不容易，即便是人口数量再小的城市，也涵盖了不少复杂要素。智慧城市的未来图景在不同的人心中有着千百种形态，但无论如何，其主要发展方向都应该是积极有利的。描绘这张图纸需要一点点勾勒，而不能过于急躁，每个细节都要观察到并处理好。

建设一座城市与改造一座城市相比，哪个更加困难？在信息技术还不发达的城市阶段，城市就像白纸一样。之后是3G、4G时代的到来，使这张白纸被涂上了鲜明的色彩。随后又因为技术的升级革新而需要用其他颜色将其重新覆盖。当人们习惯于某一种生活时，再重新调整的过程是艰难的，而各类设施也需要经历不同规模的更新换代，耗费大量资金是必然的。在5G时代，城市将面临一些必然的转变，如图10-2所示。

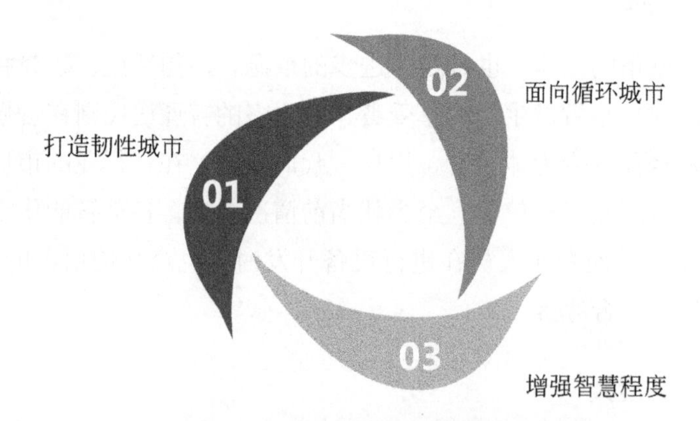

图10-2　打造智慧城市的转变方向

（1）打造韧性城市

“韧性城市”这一概念，如果不是经常关注时事新闻的人，对其的了解程度应该很浅，甚至是没有听说过。该概念于2017年被首次提出，从“韧性”的字面意思来理解，其含义是相关材料在防止自身发生断裂方面的能力，也常被用来形容一个人顽强、坚韧的良好品性。如果将其套用到城市中，你能否体会到其意义？

要知道，每个城市都会面临一些问题，程度比较严重的问题当属受控性较小的自然灾害。在大自然的面前，人们常常显得很渺小，但渺小并不意味着手无寸铁、什么都无法去做。利用5G技术、人工智能等，我们需要将智慧城市变得更加坚固和安全，韧性城市将成为我们在未来的主要转变方向。

（2）面向循环城市

智慧城市不仅提升了我们的生活便捷性，而且在不断修复以前造成的环境污染问题。近年来，越来越多的“绿色”活动得到了人们的积极响应，人们的环保观念也在不断提升，但在智慧城市的图景中，单单是原封不动地延续这条路并不能使智慧城市的建设效果出现明显提升。在智慧城市中，可再生能源的利用率逐渐加强，这意味着循环理念将盖过单纯的绿色环保，使城市的资源环境得到进一步升级。

（3）增强智慧程度

城市智慧化是5G技术应用下的正常发展方向，也是城市综合实力提升的基础与标志。智慧化程度越高，人们越能享受到更高级、更舒适的服务。不过某些城市会被客观条件所限制，理想与现实的差距很大，需要一步步去实现。就像拼图一样，将各种碎片化功能整合到一起，逐渐拼凑出一幅完整的智慧城市图景。

作为城市中的一员，无论贡献多少，我们都必然会加入智慧城市的转变、建设活动中来。人人参与才能更快地推进智慧化的步伐，绘制出真正意义上的美丽图画。

10.2 城市协作：5G在推动城市人口日常流动与经济协作间的作用

我们身处于城市中，但不要忘记城市尽管以单独治理为主，却离不开与其他城市之间的相互协作。就像公司成立不同的部门，部门之间的沟通交流频率可以不高，但却不能没有一样。过去，城市之间的协作性并不强，由于种种客观条件的局限性，导致其交流机会也不多，但5G却能够加速推动城市协作的进程。下面，我们就来详细阐述。

我们先梳理一下与城市协作相关的重要信息点，即人口流动问题与城市经济发展问题。人口流动简单来说就是人口在不同城市、地区之间的移动情况，主流移动趋势是自低向高、由小城市向发达的大城市进行转移。人口流动的目的性很强烈，无外乎是想寻求更好的发展或生活体验，经济因素在其中占据主导地位。而就城市经济发展这一问题来说，需要将其与人口流动联系到一起进行分析。

正常情况下，每个城市都希望自身的经济发展速度加快，像我们常挂在嘴边的四大城市“北上广深”就是因为经济实力强这一特点才能上榜。无论是电视剧的剧情，还是生活中接触到的熟人，许多例子都验证了“人往高处走”这一现象，这四大城市也成了人口流动的主要目标。不过在这里也存在几个棘手问题，我们先来梳理一下，再探讨5G是如何解决这些问题并进一步增强城市协作效果的，如图10-3所示。

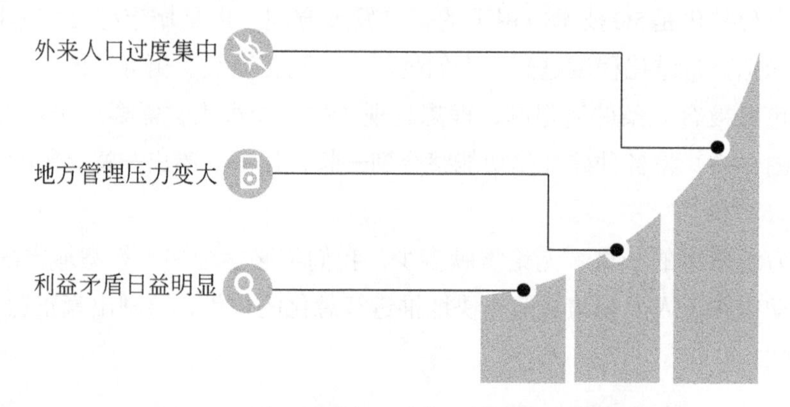

图10-3　人口流动与经济协作之间的矛盾问题

(1) 外来人口过度集中

北上广深四大城市，它们拥有的优秀资源驱使许多人来到这里发展，很多流动人口都聚集在这几座城市中。从表面上看，城市的经济发展情况依然很稳定，但实际上人口流动有时反倒会成为阻碍城市经济发展、使其发展速度变慢的因素。而那些经济水平原本就处于中等偏下的城市，人口流动也很频繁，大量年轻劳动力以及专业人才都选择去大城市谋求发展，使得这类城市的发展机会越来越少，是一种不良循环。

（2）地方管理压力变大

还是以公司部门为例，如果几个部门的员工之间常常轮转、更替，那么管理者的管理难度就会增加。主要体现在人员流动太快、信息不好采集、资料库需要频繁更新等，放到城市中也同样如此，且难度会比公司大得多。

（3）利益矛盾日益明显

流动人口为了争取优势资源而选择移动，这会导致资源变得紧张、流动人口与当地居民之间的利益矛盾加剧。矛盾的尖锐化并不是好征兆，既不利于城市自身的发展，也不能与周边城市协作带动其共同发展。

这几类只是浮现在表面的问题，除此之外还有许多深层问题有待解决。5G是怎样缓解这些矛盾的？它又在其中起到了哪些作用？其实说到底，还是要将目光定位在资源分配不均与利益失衡这两个关键点上，想要打造出城市群的景观，就必须先尽可能拉动城市的经济发展，然后再根据城市情况开启不同规模的周边辐射。

之所以不支持发展单独的城市模式，是因为如果城市之间沟通不足，各做各的建设，很有可能出现两个城市定位重合度过高的情况。试想一下，如果公司的两个部门有80%的业务重叠，那么部门之间无论是资源分配还是竞争环境都会向恶劣的形势发展，更不要说人口众多、结构复杂的城市。为了避免这种情况发生，5G需要在以下方面发挥作用，如图10-4所示。

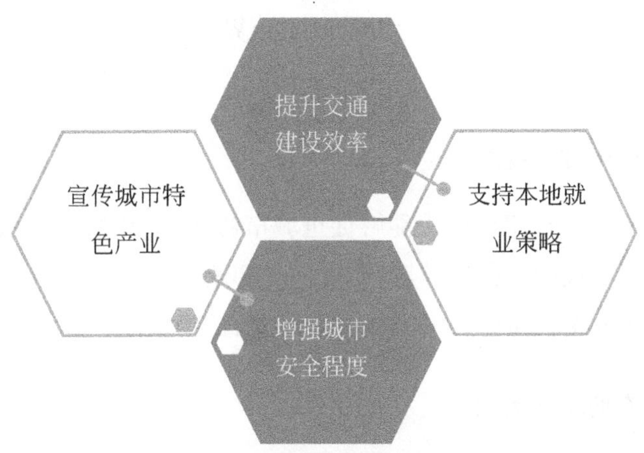

图10-4　5G推动城市协作的作用

（1）提升交通建设效率

假设你想去另一座城市，或前往城市周边比较偏僻的区域，却发现交通体系建设不完备、出行方式无法满足需求，即便想要自驾前往，地图上的信息也不够充分。在这种情况下，就好像打电话始终打不通或通话网络稳定性很差一样，久而久之就没有人愿意给某个地方打电话了。

人口流动也要考虑交通情况，如果城市之间有着较好的往来畅通性，城市协作的效果自然也会变好。5G用于交通领域非常适合，5G信号的高度覆盖使人们在出行时就像携带了一个移动式基站一样。用于交通建设的统筹规划，5G发挥了良好作用。当交通线路被打通，运输效率得到改善，城市之间的联系也会变得更加紧密。

（2）宣传城市特色产业

城市之间的定位重合度不能过高，各具特色才能加快城市群的建设，如A市以旅游业出名、B市以农副产品供应出名等。5G与VR等技术的结合，可以使城市将自身定位更好地宣传出去，一来在无形中可以避免与周边城市的恶性竞争，二来也可以使更多其他城市的人了解某个城市的地方特色，有时候还能拉动一些存在感逐渐降低的特色产业，使其重新回到人们的视线之中。

举个例子，某城市的皮影戏非常出名，但过去即便是在城市内部，影响力也不是很大。而借助5G的稳定网络，皮影戏可以走进高清大屏幕实时播放，使更多人能够感受到皮影戏的魅力，也许还能带动一波来此城市旅游的热潮。无论如何，如果5G能够使城市定位的区别分界线变得更加清晰，城市协作就会更和谐。

（3）增强城市安全程度

人口流动尽管在一定程度上能够促进城市协作，但同时也会给转入城市的治安管理带来更多风险。在这种情况下，5G能够通过各项智能设备如监控、警报等来保护城市安全，缓解外来人口过多带来的诸多问题。

（4）支持本地就业策略

近年来，国家不断提出的本地就业、就近就业等政策其实就是为了更好地拉动城市经济发展，只有这样才能减轻建设城市群的压力，使城市辐射范围更大，而不是人口过度集中到某些发达城市中，却完全抛弃落后城市的文化、经济建设。

前文提到的河北省获得5G许可建立光伏电站的案例，其实就是一种为脱贫而做的努力，除此之外，5G的建设也确实催生出了一大批具备商业潜力的新产业，同时也覆盖了一大批传统产业。有些地方的资源以前得不到有效利用，但5G却能充分将其利用起来，如果能够得到合理的开发，城市的经济发展速度也会加快，能够在统筹城乡发展的问题上做出巨大贡献。

任何事物都要保持在合理范围内才能发挥其最佳功效，如果严重超过某个标准，反倒会起到反向阻碍作用。5G需要以促进人口流动与城市经济协同发展为目标，使各项资源得到高效利用，城市定位可以更加明确，随着技术发展，城市协作会慢慢过渡到最适宜的状态。

10.3 公共安全：更能及时识别危险并做出响应措施的5G智能安防

一座城市的安全程度如何，是每个城市居民都非常关心的问题，毕竟它直接关乎自己或家人的生命财产安全，没有人会不在意、不重视。而如果我们开拓思路去剖析更深的层面，则会发现城市安全同时也会影响其自身的经济、产业发展，毕竟谁愿意去一个时不时就会因为安全问题上新闻的城市呢？无论从哪个角度看，保障城市的公共安全都是十分重要的事。

我们先来看一个案例：某小区内的儿童在花园里单独玩耍，而监护人背对着孩子与其他人在交谈。就在这时，某可疑男子走近了该儿童，用糖果、玩具等对小孩子有吸引力的东西一点点将儿童带离花园，随后一把抱起孩子迅速离开，待家长转过身早已没有了孩子的踪影。尽管小区内的摄像头在正常工作，但在这个场景中，摄像头只能默默记录下犯罪嫌疑人的所有动作，却不能及时阻止其违法行为。

在这个案例场景中，摄像头的存在是有必要的，但弊端也非常明显，即大多数情况下无法立刻做出反应，就算监控平台中有人及时看到了，往往也会错过最佳时间段。但在智慧城市中，摄像头会被赋予新的功能，即通过人工智能、机器学习等先进技术拥有自主识别和判断能力。

举个例子：在5G时代，如果有人想要在摄像头的“注视”下做一些不被法律允许的事情，摄像头将不再是一个单纯的记录者，而是会摇身一变成为追捕者，即通过数据检测来评判该行为是否具备可疑性、危险性。如果摄像头做出了判断，就会立刻发出警报，其作用便不再仅仅是事后查证这么单一。不过，5G背景下的智慧城市可不会将城市安全都依托在摄像头上，这同样是一种增加安全风险的行为，毕竟摄像头如果被破坏掉，很多功能也就不能发挥出来了。下面，我们就来看一看还有哪些属于智能安防类的5G设备，如图10-5所示。

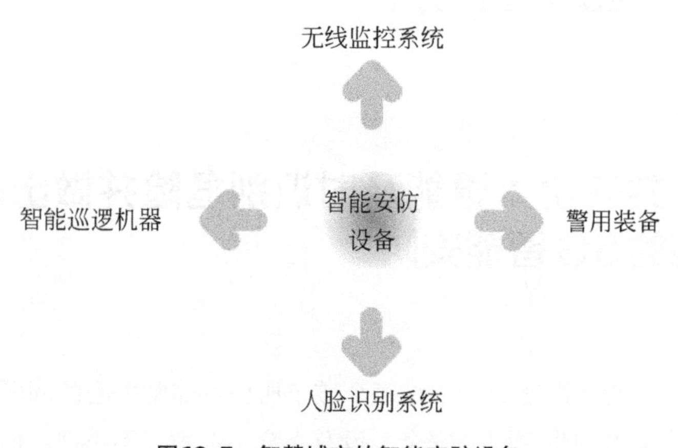

图10-5　智慧城市的智能安防设备

（1）无线监控系统

我们在4G时代处于有线连接、有线传输的生活中，由于多数人已经习惯了这种模式，因此也没觉得有什么明显缺陷。但事物往往需要对比，如果我们同时使用无线与有线两种模式，就会发现5G无线系统用于视频监控方面有很大的优势。

相比之下，有线连接总会有一些局限性，在某些特定场景如森林、火车上的作用不大。不必依靠线路连接的摄像头能够应用于更多领域。此外，与4G网络相比，5G在监控效果上无论是实时传输的速度还是回传画面的清晰度都要优于传统监控。对视频监控来说，延迟越低、画面质量越高，就越能减少危险事件发生的概率。

（2）智能巡逻机器

过去，犯罪分子常会挑火车站、中心商场等人流量密集的地方下手，轻则进行偷盗行为，重则造成人员伤亡，无论哪一种都是我们不想看到的。但是，警力、安保人员的能力终究是有限的，即便布置的人员再多也总有无法提防的角落，这时候就要借助人工智能的力量了。

智能巡逻机器的应用领域很广泛，目前主要集中于工业、农业，尽管现阶段其在智能安防方面的应用还不是很成熟，但对保护人们安全有积极帮助。智能巡逻机器不仅能识别某些可疑行为，还能检测环境安全如火灾等危险情况。要知道，在大型的人群聚集地，如果出现灾害事件，将很难迅速、有效地进行人员管控，若事态进一步扩大，后果会更加严重。因此，及时、精准地提前预防、准备就变得非常重要，而人工智能也有着较大的作用。

（3）警用装备

传统的警用装备主要是用来保护警察自己不受伤害。应用了5G技术的警用装备则变得更加智能化，不仅能够使警察的生命安全得到更有力的保障，并且还能够辅助其办案。我们以最新推出的警用头盔为例，该头盔有着基础的头部保护能力，并且还像二郎神的“天眼”一样，能够随着头部的移动而进行智能监测，宛如一个随身携带、不易被人察觉的微型摄像头。有了智能头盔的帮助，警方能够将更多的犯罪及时制止，防止引发更大的安全事故。

（4）人脸识别系统

人脸识别系统在这里可不是简单的办公出行应用那么简单了，某些犯罪分子、欠债的失信分子等，除非长年累月待在某个监控死角不出来，只要其出现在有监控的地方或是想要通过安检设备，就有可能被智能系统直接抓住——他们的个人信息早已被系统记录下来，一旦现身就等于自投罗网。

这些应用了5G技术的智能安防设备可谓是有效加固城市的隐性防护墙。我们可以梳理一下，除了保障人们安全的基本功能以外，这些设备的出现对于城市来说还有哪些作用，如图10-6所示。

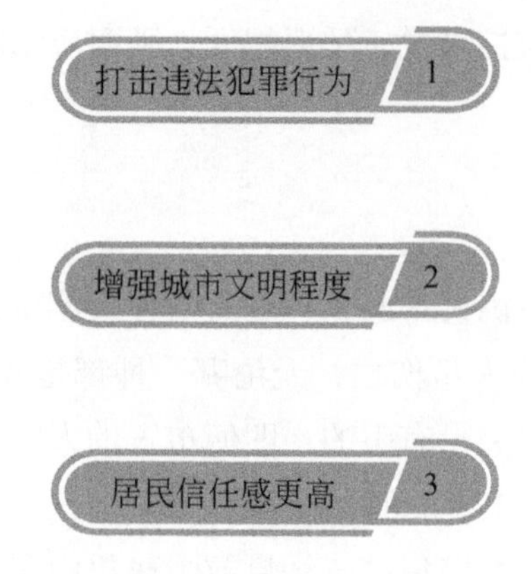

图10-6　5G智能安防设备对城市的作用

（1）打击违法犯罪行为

过去，有许多犯罪分子常常抱着侥幸心理：万一这一次作案成功呢？万一没有人发现呢？这种侥幸心理是因为在作案时环境对他们的限制力度还不够。但如果他们知道自己在行动前就有可能被迅速捕获，城市的每个角落都有无线摄像头在紧盯着他们，在这种全方位的束缚管制下，有一部分人就会打消作案的念头。即便仍然有不死心的人想要继续作案，警方抓捕他们的难度也比过去要低上许多。

（2）增强城市文明程度

衡量一座城市文明程度的因素有许多，社会治安、公共安全在其中占据了重要的位置。在旅游排行榜中比较靠前的景点中，我们都可以看到这样的评论：安全性很高、可以放心大胆地玩……城市治安情况变好，能够吸引更多外来人口，本地的各项资源、业务才能够得到更有利的使用，城市整体给人的印象、口碑也会随之提升。

（3）居民信任感更高

作为城市的一份子，如果连居民自身都无法信任这座城市，那么这座城市从内部开始就会变得无比脆弱。城市强大起来，居民才会有底气，否则人员流失只是迟早的事情。

5G在公共安全方面做出的贡献应该得到每个人的肯定，尽管不能保证一起犯罪行为都不出现，但也能大大降低违法犯罪事件发生的概率。让犯罪分子害怕、让居民安心，这就是智慧城市要打造出的理想效果。

10.4 应急指挥：5G+大数据在提升城市应急指挥能力方向的作用

在上一节中，我们介绍了与智慧城市安防设备有关的知识。不过就现阶段的情况来说，如果想要仅靠设备完全不依靠人力来守护城市的公共安全，是不太可能实现的。设备只能代替或辅助人们去做一些事，但却不能完全将其替代，二者合理搭配才能确实保障城市的秩序与安全。

城市布置的智能摄像头、巡逻机器等，与过去相比，在主要功能方面做出了从普通监视到自主判断、即时提醒的重要转变。但不要忘记，消息传递只是一个步骤，却不是最终目的。我们研发智能设备、应用5G网络，最关键的还应定位在能否迅速接收信息、做出最优化指挥决策上。如果设备发出了信息，另一边却未能及时给出反馈，那么某些突发事件如暴力伤人、火灾等将无法在第一时间得到处理。

对突发事件来说，什么样的解决方案才是最有用的呢？无论是哪种类型事件的处理，都离不开快速、迅捷等几个关键词。如果没有5G网络最具优势的低时延、高速传输等特点，那么警方或相关治安管理人员就很难及时赶赴现场。另外，5G的高覆盖性也在应急指挥这方面提供了不少帮助，因为过去有许多地方是难以被4G信号覆盖的，这种不稳定性直接影响到了警方接收预警信号的效率以及与现场连接时的通信质量。

应急指挥需要将速度放在第一位，同时也要根据现场情况给予相应的帮助，某些大型事件如果出现沟通有误的情况，将会使后续的现场管理、救援工作增加难度，这也证明了信号稳定性的关键作用。下面，我们介绍一个对指挥救援人员来说十分重要的“搭档”——无人机。在保护城市安全这一领域，5G无人机有着显著的贡献，如图10-7所示。

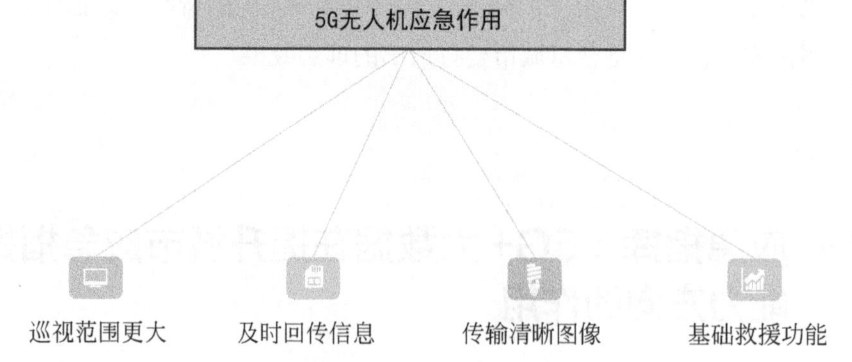

图10-7　5G无人机在城市安全方面的作用

（1）巡视范围更大

无人机一般用于某些大型户外领域，如森林、景区等，特别是在旅游旺季，游客数量会大幅度增长，单靠人工巡查显然是不够的。5G无人机拥有更强的自主性，会根据所存储的数据库内容与预先设置的路线进行多方位巡视，力图将景区进行全场景覆盖，许多“死角”位置也能被镜头捕捉到。

（2）及时回传信息

当5G无人机监察到某些意外事件时，会立刻做出预警并将信息即时传输到应急救援中心，高效的数据传输使工作人员能够根据现场情况快速制定出应急指挥方案，5G的网速在这里起到了有效作用。

（3）传输清晰图像

5G的远程传输能力很强，其所具备的低时延特点可以使工作人员更清晰地看到相应的画面，这对指挥工作来说非常重要。举个例子，如果森林出现了突发火情，其燃烧程度、燃烧范围、存在多少被困人员等因素都会对救援工作造成影响，全靠电话是很难讲清楚的。如果有了现场直播一样即时传输的画面，救援人员就可以立刻敲定方案，即派遣多少人、携带哪些工具等。

（4）基础救援功能

之所以说5G无人机是救援人员的好搭档，是因为其还具备一些基础救援功能，如果救援平台根据视频画面观察到了意外情况，无人机也许能成为合格的救援者。如某名游客不慎掉入河里，无人机可以根据指令向其投掷一个救生圈，这种时候，比起等待救援平台接收到信号后再就近调配相关人员进行人工施救效率更高。这一切都是基于5G的强大网络能力。

无人机既能监控基础的场景情况，还能对某些不易察觉的隐性因素如空气质量等进行监测，但前提是需要在5G网络环境下接入指挥救援平台及相关终端设备。不过，无人机的巡视范围虽大，却仍具有局限性，比方说水下环境就是无人机无法触及的领域，这里就要提到一个新概念——无人船。

既然要加强城市的安全保障，那么我们就要将目标要求不断提高，某些在过去无法有效监测到的区域，往往也是风险事件高发区，比方说水体内部。某些设备尽管可以检验水体情况，却不能像无人机一样用于数据画面的传输以及救援，而这个问题，在5G通信技术的支持下有望得到解决。

目前国内在无人船领域的研究尽管还没有大规模民用，但各项功能却已经在5G支持下进入了开发的状态。从理论上说，无人船涵盖的实用功能有很多（图10-8）。

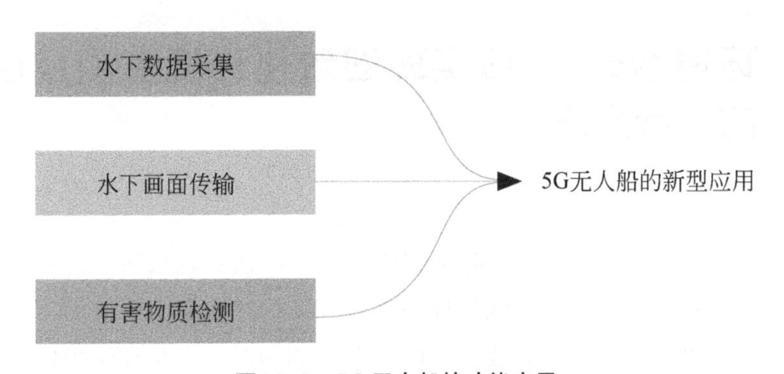

图10-8　5G无人船的功能应用

第一，其基础功能也是核心功能，即可以在水下完成精准、高效的数据采集工作，并对数据进行存储与筛检，再将其传输至数据中心。第二，无人船在过去无法得到合理利用的主要原因是水下信号比较微弱，比起数据，画面的实时传输才是难点。但有了5G信号覆盖以后，数据站能够稳定看到水体内拍摄的画面。第三，无人船同样可以向数据站发出预警，比如说检测出水体中含有害物质、危险物品时，数据站能在接收到预警信号的同时看到具体画面。

无人机、无人船等新型设备应用于应急救援领域，能够显著提高城市安防的质量，无论是对内部居民还是对外来游客，都是使其放心的，人们的生命安全能够得到更有效的保障，在提高对城市信赖感、热爱感的同时会更加配合救援人员的工作。

如果这类设备的应用范围在未来得到扩大，居民在遇到突发事件时会更加冷静，因为他们知道自己的一举一动都能被监控平台看到，因此不会过于慌乱。而站在外来游客的角度，他们能够拥有更安心的旅行体验感，对城市的印象也会变得更好。一般情况下，许多游客都会将城市的安全性放在首位，美景、特色产业都要排在其后。

除此之外，对于救援人员来说，5G技术又何尝不是对他们的一大助力呢？比起消耗大量人力进行全天候巡检的传统方式，有了智能设备实时传输功能的辅助，他们的救援成功率会变得越来越高。此外，该项功能还可以保障救援人员的生命安全，能够代替人力前往某些危险区域进行探测，这又是5G技术在救援领域的一个值得称赞的应用。

10.5 环境治理：5G实现细致化环境监测及治理的可行方法

近年来，环境问题在各大国际会议中被提及的次数越来越多，一些知名公众号也常常在社交平台上发出保护环境的呼吁。一座真正的智慧城市必须将环境治理放在重要位置上，因为我们在保护环境的同时，也是在保护自己的生命健康。国内外之所以将环境治理当作一项长期事业，是由于过去的技术水平有限，治理效率也不高。不过，在5G加入之后，我们将会明显感受到自身所处环境发生的改变。

从过去到现在，常常使人们感到困扰、有着较强危害性的环境问题主要包括大气污染、水质恶化、土地退化等。这些问题并不是单独影响某一个人、某一个区域，而是面向所有人。就拿大气污染来说，每个人都要呼吸，这是无可改变的事实。吸入的有害气体会对身体造成不利影响，区别只是在程度上的不同，轻则咳嗽，重则致癌，这就是环境问题带来的严重危害。

这些环境问题大多数是人类自身长久以来的不正确行为所导致的。尽管近年来越来越多的人意识到了保护环境的重要性，但对环境已经造成的伤害却是实实在在，有些甚至呈现出令人痛心的、无法逆转的状态。

悲伤、懊悔这些情绪都没有用，利用先进技术对环境进行弥补与改善才是我们应该做的。想要对环境进行有效治理的前提是先做好有效监测工作，只有精准监测到环境的异常变化，我们才能对其及时进行修复与保护。在环境监测方面，我们可以从几个不同角度来分析，并探讨一下5G在其中的具体作用，如图10-9所示。

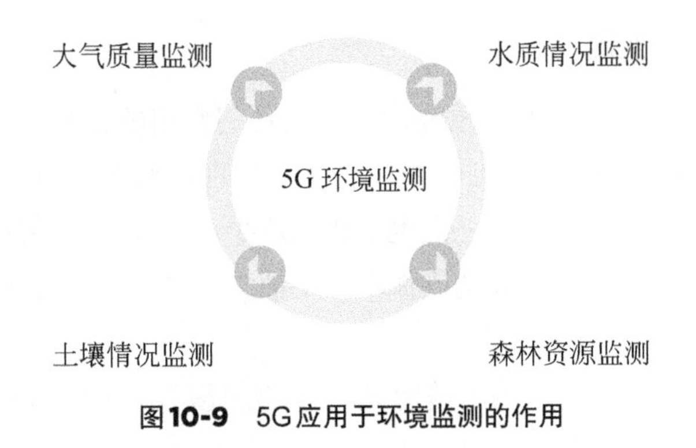

图10-9 5G应用于环境监测的作用

（1）大气质量监测

大气污染是不少国家都要放在首位去解决的环境问题，因为该污染遍及范围较广，且危害性大。尽管我们目前可以凭借某些设备去感知空气质量，但其准确度、智能化程度还有许多改善空间。5G需要与人工智能结合，并借助智能传感器的力量对空气数据进行采集。与过去相比，5G时代的大气质量监测结果一定会更加精准，实时回传速度也会更快。此外，5G还可以通过定位功能来锁定污染程度较严重的区域，以便于使后续的空气污染治理工作更加具有针对性。

（2）水质情况监测

空气是我们赖以生存的重要条件，水资源同样是维持正常生活的要素。每个人都要喝水，当前的大部分产业也需要利用水资源来进行生产，因此，我们必须保证水资源的洁净与安全，否则会直接对人体造成危害。

由于人类近年来各种工业活动的规模在逐渐扩大，重金属污染等情况愈发严重，即便是某些暂时从外观上看不出什么变化的河流，也可能已经受到了污染。如果不进行有效监测，当水体彻底被毒素浸入、产生难闻的气味时，再去治理就已经晚了。我们在上一节提到的5G无人船就可以用于水质监测，即便在水下，其数据传输能力也不会受到过多影响。

目前，无人船可以对水体的酸碱度、水温等要素进行检验，并在出现异常数值时将警报发送给监测平台。该设备如果得到深入应用，我国的水资源治理效果将会变得更好。

（3）土壤情况监测

土壤情况在农业领域非常重要，毕竟供我们食用的粮食都种植于土壤中，就像水质一样与人体健康密切相关。不过，人们对水质的关注度经常高于土壤，其实土壤蕴含的风险因素一点也不比水质少。农药、重金属含量过高的土壤是绝对有害的，在其上生长的农作物如果被大量食用，就会牵连出食品安全问题。

现阶段，我们普遍使用的土壤情况监测方法还是借助传感器。5G作用于传感器，能够使其监测效果更灵敏，可以更清晰地感知土壤发生的变化，对某些基础要素如土壤酸碱度、水分含量等数值的参考性会更强。此外，5G与人工智能结合应用到土壤情况监测，理想状态下系统可以根据土壤情况生成一份像体检报告单一样的文件，再给出相应的治理方案，这样使工作人员在处理土壤问题时能够更科学、更合理。

（4）森林资源监测

森林问题被提及的次数相对前三项少一些，但是不要认为森林离我们的日常生活比较遥远就将其忽视，实际上，森林同样是生态圈中的重要构成部分，如果森林环境被破坏，资源日益减少，对气候会造成较大的影响。4G时代，如果在稍微偏僻一些的森林中，网络覆盖情况会很差，通信效果也不好，这些会对工作人员的森林监测活动造成阻碍。但有了5G网络之后，即便是在森林中，智能设备的监测效果也不会受到过多影响。

对环境进行监测只是环境治理的基础，人们还需要更多地将5G技术与环境保护相结合，具体做法如图10-10所示。

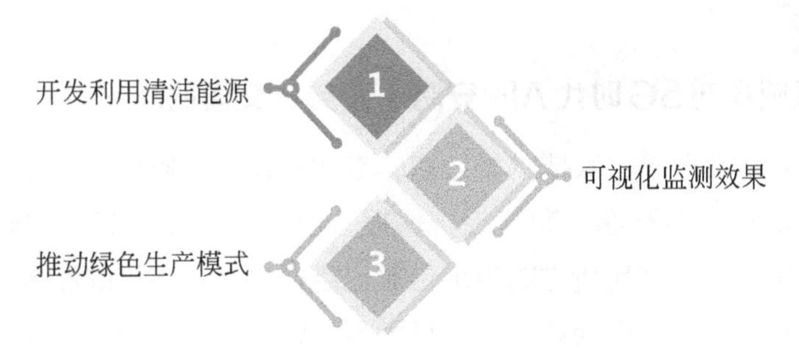

图10-10 利用5G进行环境治理的方法

（1）开发利用清洁能源

在5G技术的带动下，越来越多的可再生新能源得到了利用，这些能源尽管在某些活动中还不能完全取代传统能源，但也能对环境污染问题进行一定的缓解。此外，利用清洁能源还可以对某些稀缺资源进行保护，使其消耗减少，延缓其枯竭的速度。

（2）可视化监测效果

5G对于数据的处理能力比4G要强很多，能够将许多数据直观呈现在屏幕上，而各类远程技术的应用使工作人员可以更客观、便捷地审视环境情况。现在的环境保护人员所负责的多是治理工作，而不需要像过去一样借助人力去实地考察、全天观测。

（3）推动绿色生产模式

工厂是造成环境污染的主要因素，但工厂同时又是人类社会的必备设施，为此，我们只能从内部着手使其生产方式向健康、绿色发展。5G对数据的智能存储，使越来越多的工厂开启了无纸化作业模式，而更多5G监测设备的设立，也使工厂在进行生产时可以更有计划性，不会毫无顾忌地进行排放。

有制约才能有发展，这两个看似对立的因素在环境治理领域中并不矛盾。环境监测呈现出的数值与给出的警告提示就像一把刻度尺，将标准区、危险区都标注得明明白白。对于大自然，我们一定要尊重、敬畏它，5G的作用是帮助我们保护环境而不是进一步破坏环境，只有治理有了显著成效，我们所处的环境才会更加美好。

【案例】

海康威视对5G时代AI+安防、警务、交通的思考

海康威视是一家技术类公司，专注于视频的监控、处理领域，公司目前有多种产品，如监控、警报、门禁等。在5G正式商用之前，海康威视各类产品所占的市场份额已经很大了，不过既然是技术类公司，其所面临的市场竞争会非常激烈。如果海康威视想要保持当前的领先地位，就必须在5G技术的应用方面做得比其他同类型公司更快、更好。

在看到了海康威视主营的产品类型之后，我们应该能够大致判断出该公司的业务特点与发展方向：区域安全、全面监控。不得不说，5G技术的到来对海康威视及相关行业内公司带来了新的机遇，特别是对海康威视这种同时涉及多个重要技术领域的公司而言，如果能够站在风口上抓住5G递出的机会，那么公司会在现有优势的基础上进一步提升自身的综合实力。反之，5G也使海康威视面临的竞争问题变得更多，稍不留意就可能被竞争对手超过，这意味着公司需要承担较大的经济压力。综合以上思考，我们可以得出结论：海康威视必须好好利用5G，加快对现有产品的技术革新，使产品能够更合理地与新技术相结合。下面，我们就借助海康威视的几大主营领域来分析一下其在5G时代所做的工作有哪些，具体类型如图10-11所示。

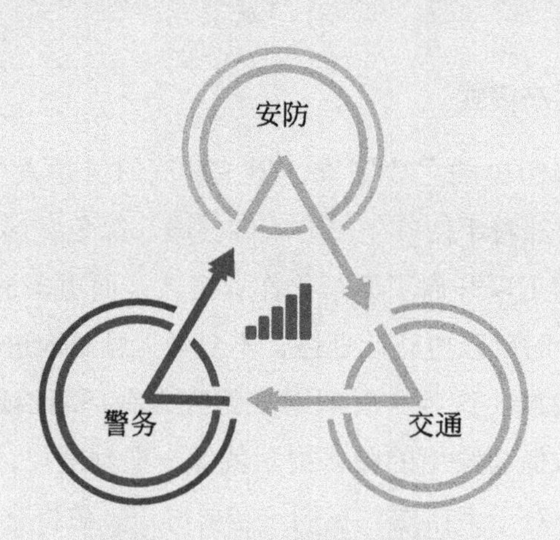

图10-11　海康威视的主营领域

（1）安防领域

尽管三大类型的产品都是海康威视的主要收入来源，但如果一定要划分主次的话，安防领域还是排在首位的。毕竟海康威视的公司定位以及前期战略方针都以视频、摄像为中心，可以说单是监控类的产品在该公司所占比例就高达五成以上。所以，海康威视在面对5G时代的到来时，会将更多精力倾注于监控设备上。

海康威视的监控设备有许多种类，根据不同的应用场景有不同的功能侧重，比方说是应用于人脸检测还是放置于重要区域用于跟踪定位，这些设备的基础功能都是将相关高清画面进行记录，而其余功能配置却有所不同。在应用了5G与人工智能技术后，海康威视的监控设备又出现了较大的改变，可以列举以下几个突出特征。

① 人脸检测灵活化　常规的摄像头在进行人脸检测时有较多的局限性，比方说不支持对处于运动状态的人脸进行检测、功能过于单一、只能输出人脸图像等。而应用了人工智能的监控设备则被赋予了较多的自主能力，它不再只是一台能用于拍摄的设备，更能代替人们去做一些简单的计算、分析工作。也就是说，从人脸进入镜头的那一刻开始，设备就开始了对人脸属性的分析行为，并且不会受到运动、移动的影响，可以进行智能抓拍与筛选。

② 模式切换多样化　海康威视最新研发的智能摄像头支持多种可切换模式，如最基础的人脸检测，以及可供选择的混合分析、目标评分等模式，这些模式可以使设备的应用场景变得更加多样。

③ 黑名单对比功能　该功能是海康威视在应用5G技术时创新的，能够有效增强各个出入口的安防效果。如果警方或法院将某些涉案人员的信息传输至监控设备的系统中，设备就会将信息记录下来，并在人脸检测时发现与相关信息匹配度较高的情况下发出警报。

（2）警务领域

海康威视在警务领域的主要贡献是对相应系统、设备的研发，不过并不是警务人员的穿戴装备，而是日常巡检或执法时的轻便型辅助工具。这些工具有效地提升了警务人员的工作效率，具有代表性的设备包括如下几类，如图10-12所示。

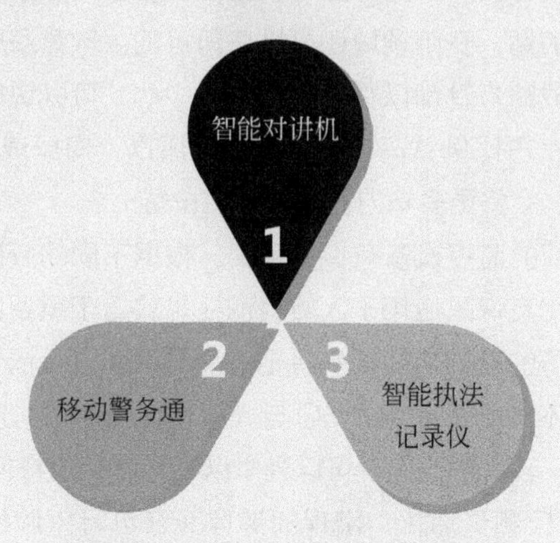

图10-12　海康威视研发的5G警务设备

① 智能对讲机　对讲机是警务人员在出勤时的必备物品，在处理各类事件时，对讲机需要承担起双向沟通的任务。5G为智能对讲机做出的最显著贡献就是增强了其远程通讯能力，使警务人员与平台沟通时可以保持全程稳定通话的效果。另外，在信息安全方面，海康威视也利用5G技术将其进行了有效增强。

② 移动警务通　移动警务通被植入了智能系统，目前的形态普遍小巧轻便，比较容易携带。该设备尽管不像警棍那样具有攻击性，但却同样是警务人员的好帮手，能够帮助其处理各种复杂事务，比方说信息采集、证件识别等，省去了许多手动录入的时间。

此外，应用了5G技术的移动警务通内置了强大的定位功能。从警务人员的个人安全角度看，其连接的后台可以实时掌握警务人员的移动轨迹，如果发现情况异常，就能根据设备定位。从办案的角度来看，当出现比较紧急的事件需要进行跟踪时，如果不方便向后台进行详细汇报，后台可自行根据轨迹增派援手，从而减少了许多在沟通上耽误的时间。